解密中德葡萄酒

霍佳震　主编

同濟大學出版社
TONGJI UNIVERSITY PRESS

图书在版（CIP）数据

解密中德葡萄酒 / 霍佳震主编．
—上海：同济大学出版社，2018.5
ISBN 978-7-5608-7777-8

Ⅰ．①解… Ⅱ．①霍… Ⅲ．①葡萄酒—介绍—中国、德国
Ⅳ．① TS262.6

中国版本图书馆 CIP 数据核字 (2018) 第 048069 号

主　　编　霍佳震

副 主 编　张丽华　徐红鸣

编　　者　Regina Menger-Krug

Maria Menger-Krug

周　元　周　攀　戴　毅

徐红鸣　张丽华　霍佳震

解密中德葡萄酒

主　　编　霍佳震
责任编辑　那泽民
装帧设计　徐红鸣
责任校对　徐春莲
出版发行　同济大学出版社
（上海四平路 1239 号　邮编：200092　电话：021-65985622）
网　　址　www.tongjipress.com.cn
经　　销　全国各地新华书店
印　　刷　上海丽佳制版印刷有限公司
开　　本　787mm × 1092mm　1/16
印　　张　6.75
字　　数　169000
版　　次　2018 年 5 月第 1 版
印　　次　2018 年 5 月第 1 次印刷
书　　号　ISBN 978-7-5608-7777-8
定　　价　58.00 元

前　言

作为基督教“圣血”的葡萄酒在欧洲盛行了十几个世纪，一直到今天，依旧是西方饮食文化中不可或缺的一部分。近些年来，随着经济的发展，中国对葡萄酒的需求快速增长，本书编者走访了德国众多的葡萄酒庄，深切感受到德国酒庄在葡萄种植和葡萄酒生产中的生态理念：特别注重葡萄园生态系统的建设，保持葡萄园的物种多样性。德国蒙格克鲁格 (Menger-Krug) 酒庄女庄主 Regina 女士曾说：“葡萄酒是上天给予人类的恩赐”，足见自然生态环境对葡萄酒生产的重要性。编者也走访了国内主要的葡萄酒企业，如张裕、君顶、王朝等，让编者感受最深的是国内葡萄酒产业近年来的快速发展。中德两国均拥有独特的气候和地理环境，适宜酿酒葡萄的生长，两国的葡萄酒生产在葡萄种植、生产、管理、营销方面各有特色。本书在中德葡萄酒生产及产业发展现状分析的基础上，试图刻画出两国各自葡萄酒生产的特色，以期给广大葡萄酒爱好者更广泛的视野，更加深刻地感受葡萄酒文化的魅力。

全书共 6 章，第一章介绍葡萄酒的基础知识；第二章介绍葡萄酒的发展历史；第三章对中德葡萄酒产业进行对比；第四章着重介绍葡萄酒的生产过程及中德葡萄酒企业的运营；第五、六两章介绍中德两国典型的葡萄酒酒庄。本书目的是帮助读者更好地了解两国葡萄酒生产企业的异同点。

本书的编写分工如下: 霍佳震负责构思本书的整体框架、对中德葡萄酒厂的调研及全书统稿;张丽华重点负责编写本书第二、三章及第五章；徐红鸣重点负责编写本书第一、四章及第六章；德国路德维希港大学的戴毅老师、德国蒙格克鲁格酒庄 Regina 庄主、Maria 酿酒师、烟台张裕卡斯特酒庄周元经理、周攀高工及德国曼海姆大学商学院研究生 Maximilian Pabst 负责为本书进行知识解答和资料搜集。

在编写过程中，我们的工作得到了来自中德两国许多葡萄酒酒庄及生产企业的大力支持和帮助，在此一并表示谢忱。

由于编者水平和能力有限，存在的问题在所难免，敬请专家批评指正。

编者

2018 年春于同济大厦 A 楼

山坡上的葡萄园

目　录

第四章 中德葡萄酒生产及运营

第五章 德国葡萄酒企业案例：蒙格克鲁格酒庄

第六章 中国葡萄酒企业案例：张裕葡萄酒公司

德国蒙格克鲁格酒庄的玛丽亚葡萄酒

第一章 葡萄酒基础知识

一、葡萄种类及葡萄酒种类

（一）葡萄种类

葡萄是世界上最古老的水果之一，美味可口，自远古时代就受到祖先们的喜爱，成了主要的充饥食物之一。伴随着人类社会文明的发展，葡萄不再拿来充饥了，但是人类无意中发现了葡萄的另外一个用处：酿酒。葡萄酒可口的味道加上饮后令人微醉的感觉让人类立马喜欢上了这种饮料。从此，葡萄树开始被祖先们广泛种植。葡萄最初产于亚洲西部，随着人口的迁徙和国家之间的交流，后被引到世界各地，并且被广泛栽培。由于地理因素的限制，世界各地的葡萄约95%集中分布在北半球。

葡萄品种多种多样，人们按照不同的标准将其分成很多类别，最常见的分类方法是按葡萄的用途来分。按照用途将葡萄分成食用葡萄、酿酒葡萄、制罐葡萄、制汁葡萄和制干葡萄。人们主要种植的还是食用葡萄和酿酒葡萄。食用葡萄皮薄、肉多、颗粒大，是一种非常香甜可口的水果。酿酒葡萄则是用来酿制各式各样的葡萄酒，这种葡萄皮厚、肉少、汁多，同时葡萄口味非常酸涩，不适合直接食用。但却非常适合用来酿制葡萄酒，酿酒葡萄经过长年累月的发酵，变成富有香气、口味独特的葡萄酒。

目前，世界上种植的葡萄中食用葡萄占30%，酿酒葡萄占50%。国内常见的食用葡萄有沙巴珍珠、早玫瑰、郑州早红、巨峰等。酿酒葡萄有品丽珠、赤霞珠、蛇龙珠、霞多丽等。酿酒葡萄的种类对葡萄酒的口味和质量的影响非常重要。不同种类的葡萄所酿制出来的葡萄酒的香味、收藏方式、品尝方式都有各自的特点，造成葡萄酒风味的巨大差别。葡萄品种是决定葡萄酒口味的基础。不同的葡萄品种对种植的地理位置、纬度、土质与气候都有严格的要求，因此，有经验的果农会挑选最适合产地特点的葡萄来种植。

酿酒葡萄主要分为红葡萄和白葡萄。其中，红葡萄主要用于生产红葡萄酒和桃红葡萄酒；白葡萄用于主要生产白葡萄酒、起泡酒和冰酒等。下面简单介绍一些世界上经典的酿酒葡萄品种。

图1 品丽珠

图2 赤霞珠

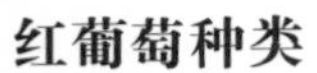

红葡萄种类

品丽珠 (Cabernet Franc)

特色：品丽珠是法国一种古老的酿酒葡萄品种。品丽珠果实小，相比于赤霞珠，果皮较薄，酸度较低。它具有浓烈的青草味，混有可口的黑加仑子和桑葚的果香味。因酿出的葡萄酒酒体较轻淡，通常用来调和赤霞珠和梅洛，使得葡萄酒酒体更加丰满，香气更加复杂。世界上知名的白马酒庄 (Ch. cheval Blanc) 以它为酿酒主要材料，生产出高品质的葡萄酒。温度低而具有湿润泥土的地区较适合品丽珠的生长。和迷恋地中海型气候的赤霞珠不同，品丽珠钟情大陆型气候，通常发芽和成熟均比赤霞珠早一个星期，它很容易出现开花后果实迅速生长的情况，易完全成熟，不怕在收割期碰上恶劣的天气。

产区：种植于法国部分产区。法国是世界上品丽珠种植面积最大的国家。卢瓦尔山谷 (Loire Valley) 是法国种植品丽珠的核心区域，在波尔多 (Bordeaux) 的圣达美安 (Saint Emilion) 和庞马荷产酒区也广泛种植。其他如意大利东北部、美国加州（California）和加拿大的安大略省 (Ontario) 都常见到品丽珠的踪迹。

赤霞珠 (Cabernet Sauvignon)

特色：在红酒世界中，赤霞珠始终最受欢迎。它皮厚而果实细小，能抵抗一般霉菌和疾病，容易种植，能够适应多种不同的气候，适宜种植于炎热的砂砾土质中。酿制而成的酒经陈放后，会生成多元的香味和口感。皮厚子粗的蓝黑色赤霞珠单宁太高，通常与梅洛和品丽珠一起混酿，以混和口感、增进酒体的平衡度和复杂性。赤霞珠的发芽和成熟都较晚，对采摘时间的要求并不高，有经验的酿酒师在酿酒时会视整年的天气来调整赤霞珠品种葡萄的比例。赤霞珠本身带有黑加仑子、黑莓子等香味，经橡木桶培养后又添加了香草、杉木、烟熏等味道，香气和口感变得更复杂。

产区：主要种植于法国波尔多地区。很多著名的葡萄酒都是由赤霞珠酿制而成，现在法国南部兰格多克 (Languedoc)、胡西雍地区 (Roussillon) 也有很多果农以它来替换旧有的葡萄品种。美国、智利等国都引进此品种大力栽培，尤以美国加州那帕山谷 (Napa Valley) 所种植的赤霞珠最受人们推崇。

图3 梅洛

梅洛 (Merlot)

特色：一种18世纪末才出现的红葡萄品种。梅洛葡萄果粒呈乌蓝色，体小皮薄，比较早熟，与品丽珠不同，梅洛在采收时特别怕遇到恶劣天气，如遇雨量过多则容易出现腐烂。适宜在能够保水且钙质比较高的黏土中生长。酿制的葡萄酒颜色较深，有着红樱桃、草莓、黑醋栗等红黑浆果的丰富果香，在陈放过程中还会产生李子干、雪松和香料等诱人香气。梅洛单宁丰富柔滑，因此经常与强劲口味的赤霞珠混合，形成经典搭配。

产区：在法国波尔多大部分地区都有种植，占法国总葡萄种植面积的58%，是法国最为广泛种植的葡萄品种。在意大利、瑞士和新世界产区[1]都有广泛种植，优秀产区包括瑞士的提契诺(Ticino)、美国加州的那帕谷和索诺玛 (Sonoma)、澳大利亚的玛格丽特河 (Margaret River)、智利的中央谷 (Central Valley) 等。

黑皮诺 (Pinot Noir)

特色：早熟型红葡萄品种。对种植区气候要求较高，产量较小，种植难度大，适合较寒冷气候，在石灰黏土中的种植表现最佳。种植范围不如品丽珠和赤霞珠普遍。其品种特性不强，易随环境改变，在良好的条件下黑皮诺所产葡萄酒的颜色不深，但有着严谨的酒体结构和丰富的口感，适合陈年放置。其酒香于年轻时以红色水果为主，如新鲜草莓、黑樱桃等。经陈年后的酒香则变化丰富，其中以复杂的蘑菇及松露(truffe)香较常见。除适合产红酒外，黑皮诺经直

1 新世界产区：以美国、澳大利亚为代表，包括南非、智利、阿根廷、新西兰等，基本上属于欧洲扩张时期原殖民地国家。这些国家葡萄酒产区称之为新世界产区，生产的葡萄酒被称为新世界酒。

接榨汁也适合酿制白色或玫瑰起泡酒，是法国香槟区(Champagne)的重要品种之一，多与霞多丽混合，较其他品种所产葡萄酒而言，酒体丰厚且适合陈年。

产区：原产自法国勃艮第 (Burgundy) 产区，为该区唯一种植的酿酒红葡萄品种。其中，勃艮第中心地带的金山丘是黑皮诺最佳产区。如今在德国及奥地利也开始引进种植，当地人称之为斯贝博贡德 (Spatburgunder)，主要为黑色品种。

蛇龙珠 (Cabernet Gernischt)

特色：原产法国，属于法国的古老葡萄品种之一,与赤霞珠、品丽珠是姊妹品种。该品种果粒生长较为紧密，圆形，呈紫黑色，皮厚且表面有较厚的果粉，味甜多汁。抗病性强、耐旱、抗寒性弱，适宜于种植在疏松土壤、砂质土壤中，酿出的葡萄酒口感醇厚，酒体丰满，呈深宝石红色，澄清度高，散发着浓郁的酒香、和谐的醇香与橡木香。

图 4 蛇龙珠

产区：中国部分产区。1892 年引入中国，在山东省烟台地区有较多栽培，现占据了全国总产量的 70%。在中国东北南部、华北、西北地区也有少量栽培。

白葡萄种类

雷司令 (Riesling)

其原产地一直成迷，最早的种植记录在德国莱茵河区 (Rhine River)，是德国及法国阿尔萨斯 (Alsace) 最优良细致的葡萄品种，堪称世界上最精良的白葡萄品种。该品种葡萄藤木质坚硬，因而十分耐寒，适合大陆性气候 (如莱茵河区)，因此成为寒冷产区的首选葡萄品种。这种较晚成熟的品种多种植于向阳斜坡及砂质黏土，可以反射更多的光照和热量供其生长直至充分成熟。

雷司令所产葡萄酒特性明显，拥有淡雅的花香混合植物香，也常伴随蜂蜜及矿物质香味。酸度强，常能与酒中的甘甜口感相平衡。除生产干白酒外，其所产迟摘的贵腐甜白酒品质优异，即使酿酒葡萄成熟度过高也常能保持生产出的葡萄酒的高酸度，香味浓烈优雅。采用雷司令酿造的葡萄酒生命力极强，适合久藏，在保持自身独特风格的同时可以完美地将葡萄园气候、土壤等微气候特色充分表现在酒的口味中。

除德国和法国阿尔萨斯之外，雷司令在奥地利、美国和澳大利亚都有种植，并且酿出的葡萄酒充分体现出了当地特殊的气候和土壤特征。奥地利的雷司令比起德国的雷司令酿出的酒，酒体更加饱满，而阿尔萨斯的雷司令则带有更多的香料风味，也更柔和。美国的雷司令葡萄酒大都相当柔和寡淡。澳大利亚的雷司令葡萄品种风格独特，其中克莱尔谷 (Clare Valley) 和伊顿谷 (Eden

Valley) 等气候凉爽的产区表现尤为出色，通常生产干型雷司令葡萄酒，带有中高酸度，散发着柑橘和核果类水果的芳香。

霞多丽 (Chardonnay)

原产自勃艮第，是目前全世界最受欢迎的酿酒葡萄，属早熟型品种。由于适合各种类型气候，耐冷，产量高且稳定，容易栽培，已在全球各产酒区普遍种植。适宜种植于带泥灰岩的石灰质土中。霞多丽是白葡萄中最适合橡木桶培养的品种，其生产的葡萄酒香味浓郁，口感圆润，经久存酒体可变得更丰富醇厚。该葡萄品种以制造干白酒及起泡酒为主。随产区环境的改变，所产的葡萄酒的特性也随之变化，天气寒冷的石灰质土产区，如夏布利和香槟区，酒的酸度高，酒精淡，以青苹果等绿色水果香为主；天气较温和产区，如那帕谷和马巩内 (Maconnais)，则口感较柔顺，以热带水果如哈密瓜等成熟浓重香味为主。霞多丽所制的起泡酒以法国香槟区所产的为最佳，其中以白丘最为著名。

图 5 霞多丽

长相思 (Sauvignon Blanc)

原产自法国波尔多地区，种植适合温和的气候，土质以石灰土最佳，常被称为白苏维翁 (Fume Blanc)。主要用来酿造适合饮用的干白葡萄酒，或混合塞美蓉 (Semillon) 酿造贵腐白葡萄酒。

长相思所产葡萄酒酸味强，辛辣口味重，酒香浓郁且风味独特，非常容易辨认。口味以青苹果及醋栗果香混合植物香味 (如青草香和黑茶鹿子树牙香) 最常见，在石灰土质则常有火石味和白色水果香，过熟时常会出现猫尿味。但比起其他优良品种，所产葡萄酒酒体显得简单而不够丰富多变。

（二）葡萄酒种类

葡萄的种类多种多样，使得酿制成的葡萄酒的种类也是成千上万，这些葡萄酒风格各异，外观上、口味上都有各自的特点。然而，它们也有共同之处，根据这些共同特点可将葡萄酒分成不同的类别。当前主要的分类标准有按颜色分类、按酿造方法分类和按饮用方式分类。

按颜色进行分类

1. 红葡萄酒，用皮红肉白或皮肉皆红的葡萄带皮发酵而成，酒液中含有果皮或果肉中的有色物质，使之成为以红色调为主的葡萄酒。这类葡萄酒的颜色一般为深宝石红色、宝石红色、紫红色、深红色和棕红色等。

2. 白葡萄酒，用白皮白肉或红皮白肉的葡萄经去皮发酵而成，这类酒的颜色以黄色调为主，主要有近似无色、微黄带绿、浅黄色、禾秆黄色和金黄色等。

3. 桃红葡萄酒，用带颜色葡萄经部分浸出有色物质发酵而成，它的颜色介于红葡萄酒和白葡萄酒之间，主要有桃红色、浅红色和淡玫瑰红色等。

按酿造方法分类

1. 天然葡萄酒，完全用葡萄为原料发酵而成，不添加糖分、酒精及香料的葡萄酒。

2. 特种葡萄酒，特种葡萄酒是指用新鲜葡萄或葡萄汁在采摘或酿造工艺中使用特别的方法酿成的葡萄酒，又分为：

(1) 利口葡萄酒，在天然葡萄酒中加入白兰地、食用精馏酒精或葡萄酒精、浓缩葡萄汁等，酒精度在 15% ～ 22% 的葡萄酒。

(2) 加香葡萄酒，以葡萄原酒为酒基，经浸泡芳香植物或加入芳香植物的浸出液（或蒸馏液）而制成的葡萄酒。

(3) 冰葡萄酒，将葡萄推迟采收，当气温低于 -7℃，使葡萄在树体上保持一段时间，结冰，然后采收、带冰压榨，用此葡萄汁酿成的葡萄酒。

(4) 贵腐葡萄酒，在葡萄成熟后期，葡萄果实感染了灰葡萄孢霉菌，使果实的成分发生了明显的变化，用这种葡萄酿造的葡萄酒。

按饮用方式分类

1. 开胃葡萄酒，在餐前饮用，主要是一些加香葡萄酒，酒精度一般在 18% 以上，我国常见的开胃酒有“味美思”(Vermouth)。

2. 佐餐葡萄酒，同正餐一起饮用的葡萄酒，主要是一些干型葡萄酒，如干红葡萄酒、干白葡萄酒等。

3. 待散葡萄酒，在餐后饮用，主要是一些加强的浓甜葡萄酒。

二、葡萄种植和葡萄园管理技术

在葡萄酒界一直盛传一句话，“七分原料、三分酿造”，可见高质量的葡萄对酿制上好的葡萄酒至关重要。种植葡萄，除了对天气、土壤、水分等自然条件有严格的要求之外，科学的种植技术和葡萄园的管理技术也会提高葡萄的质量和产量。挑选适合的葡萄品种，合理设计葡萄园的结构，对葡萄园进行科学的管理，是酒农种植葡萄前的重要工作，也是葡萄量产质优的保证。

图 6 葡萄庭院

（一）挑选合适的场地和品种

种植葡萄的首要工作是挑选适合葡萄生长气候和位置的葡萄园，然后挑选匹配的葡萄品种，做到因地制宜，从而种出高质量的酿酒葡萄。

庭院选择与设计

葡萄属于喜光水果，因此，栽植葡萄的庭院要求光线条件好，保证日晒充足，地势较高，不易积水。为保证葡萄植株充分生长，栽植前确定栽植点，株距 2 米左右。修建好排水暗沟，保证雨后不会积水。庭院葡萄一般采用水平棚架，架高 2 米以上以便于活动与管理。道路可建成葡萄走廊，道路上方搭成铁丝架面。

品种选择与栽植

葡萄品种的选择应视当地的气候条件和土壤条件来选定。葡萄种植时，葡萄苗木一般用粗壮须根较多的 1 ～ 2 年生嫁接苗。栽植时间宜定在秋季落叶后或春季萌芽前。栽植前按栽植点挖穴，一般情况下，穴大小为 80 厘米 ×80 厘米 ×80 厘米左右。同时须在每穴中施一定量的腐熟有机肥，与挖出的表土混匀填入穴底，再填入部分土壤，保证土壤的肥力，葡萄苗根系舒展后放在穴中土堆上，再填入剩余的土，使苗木根茎在地面之上，轻轻踏实土壤，浇透水。

（二）葡萄种植技术

在葡萄种植过程中，专业的种植技术在葡萄的生长过程中发挥至关重要的作用。葡萄在种植过程中极易受到气候环境、地理环境等因素的影响。因此，为确保葡萄的产量与质量，葡萄种植者应充分利用种植技术，使得葡萄在生长过程中少受不利自然因素的影响。

创建葡萄园的条件

1. 葡萄园的地点应尽可能设在交通方便的地方，便于葡萄外运。

2. 地势应开阔平坦(山地丘陵地要进行适当改造)，排水良好。狭窄的山沟和山谷，因光照不足且易积聚冷空气，易受霜冻，不宜选作葡萄园。

3. 有良好的水源，可灌溉。

4. 土层较厚，土质肥沃疏松，透水性和保水力良好。

5. 在风大的地方，最好选有天然防风屏障(如森林、建筑物、山丘)的地点建园，否则要营造防护林。

葡萄园的规划设计

1. 划分栽植区：根据地形坡向和坡度划分若干栽植区(又称作业区)，栽植区应为长方形，长边与行向一致，有利于排灌和机械作业。

2. 道路系统：根据园地总面积的大小和地形地势，决定道路等级。主道路应贯穿葡萄园的中心部分，面积小的设一条，面积大的可纵横交叉，把整个园分割成 4，6，8 个大区。支道设在作业区边界，一般与主道垂直。作业区内设作业道，与支道连接，是临时性道路，可利用葡萄行间空地。主道和支道是固定道路，路基和路面应牢固耐用。

3. 排灌系统: 葡萄园应有良好的水源保证，做好总灌渠、支渠和灌水沟三级灌溉系统(面积较小也可设灌渠和灌水沟二级)，按千分之五的比例设计各级渠道的高度，即总渠高于支渠，支渠高于灌水沟，使水能在渠道中自流灌溉。排水系统也分小排水沟、中排水沟和总排水沟三级，但高度差是由小沟往大沟逐渐降低。排灌渠道应与道路系统密切结合，一般设在道路两侧。

4. 防护林：葡萄园设防护林改善园内小气候，不仅能够防风、沙、霜、雹，同时对葡萄自身的生长也会产生一定的影响。百亩以上葡萄园，防护林走向应与主风向垂直，有时还要设立与主林带相垂直的副林带。主林带由 4 ～ 6 行乔灌木构成，副林带由 2 ～ 3 行乔灌木构成。在风沙严重地区，主林带之间间距为 300 ～ 500 米，副林带间距 200 米，在果园边界设 3 ～ 5 行边界林带。一般林带占地面积为果园总面积的 10% 左右。

5. 管理用房：包括办公室、库房、生活用房、畜舍等，修建在果园中心或一旁，由主道与外界公路相连。占地面积 2% ～ 3%。如果是酒庄式建设，应将生产车间和酒窖等修建在葡萄园附近。

6. 肥源：为保证每年有充足的肥料，葡萄园必须有充足肥源。可在园内设绿肥基地，养猪、鸡、牛、羊等积粪肥，这些有机肥料是优质葡萄绿色生产的保证。一般情况下，按每亩施农家肥万斤设计肥源。

图 7　葡萄藤株

7. 其他：包括架式、架材、株行距等。

(1) 架式。选择架式一般应根据品种特性、当地气候特点以及当地栽植习惯来确定。一般在天气较为寒冷地区大多采用棚架，以便有较宽的行距，供冬季植株防寒取土，并使根系不致因大量取土而裸露受冻害。但为了获得快速丰产，应尽可能采用抗寒砧嫁接苗，缩小行距。而在靠近热带天气较暖和的葡萄产区多采用篱架。生产中用得最多的是单壁篱架，该篱架具有管理方便，通风透光条件较好等优点。

(2) 株行距的设置。葡萄的株行距因架式、品种和气候条件不同而异。采用棚架形式且整枝的葡萄, 行距 4 ～ 10 米不等。生长势特强、易成形的品种, 可采取 6 ～ 10 米的大行距, 一般生长势中等的品种都采用 4 ～ 6 米的行距。株距则根据架面上所留主蔓的数量确定, 1 株 1 蔓的株距为 0.5 米左右。再根据各地气候条件, 暖和、生长期较长地区, 株行距可稍大, 反之冬季较寒冷、生长期较短地区, 株距可稍小。采用篱架时, 行距过宽不利于提高每亩架面和有效架面, 在不埋土区或轻度埋土区, 单篱架的行距以等于或稍大于架高即 2 ～ 2.5 米之间为宜。行距过窄, 架面下部光照不足, 变成无效架面。寒冷地区埋土地区应适当加宽行距 (一般 2.5 ～ 3 米), 以利于冬季取土防寒。架高以 1.8 ～ 2.0 米为宜, 过高不利于夏季修剪等管理作业。

挖沟栽植

葡萄是多年生藤本植物，寿命较长，定植后要在固定位置生长结果多年，需要有较大的地下营养体系。而葡萄根系幼嫩组织是肉质的，其生长点向下向外伸展遇到阻力就停止前进，为了使葡萄根系在土壤中占据较大的营养面积，达到“根深叶茂”，在栽植葡萄前要挖好栽植沟。

1. 挖定植沟时间。寒冷地区一般在秋后至上冻前进行为好。山地葡萄园挖栽植沟要适当深和宽些，一般深、宽均为 1 米为宜，平地可挖各 0.8 米深的沟。先按行距定线，再按沟的宽度挖沟，将表土放到一面，心土放另一面，然后进行回填土。回填土时，先在沟底填一层 20 厘米的有机物。平原地段，若地下水位较高，可填 20 厘米炉渣或垃圾，以作滤水层。再往上填一层表土、一层粪肥，或粪肥和表土混合填入。每公顷需要 7500 公斤优质粪肥，另外加入 250 公斤磷肥。回填土时要根据不同土壤类型进行改良，若土壤黏度大，适当掺沙子回填，改善土壤结构，以利于根系生长发育。当回填到离地表 10 厘米时，灌水沉实定植沟，再回填与地表相平进行栽苗。

2. 栽苗。选好合格苗木，要求根系完整有 5 条以上，直径在 2 ～ 3 毫米的侧根。苗粗度在 5 毫米以上完全成熟木质化，其上有 3 个以上的饱满芽，苗木应是无病虫危害，若苗木为嫁接苗，则砧木类型应符合要求，嫁接口完全愈合无裂缝。

3. 定植苗木。定植苗木抹芽、定枝、摘心非常重要, 当芽眼萌发时, 嫁接苗要及时抹除嫁接口以下部位的萌发芽, 以免生长消耗养分, 影响接穗芽眼萌发和新梢生长。

4. 丰产栽培技术。最关键的是肥水管理。当苗高在 40 ～ 50 厘米时要进行第 1 次追肥。由于定植苗木根系很小,用于吸收营养元素量也较少, 因此, 要勤追少施, 年追施 2 ～ 3 次即可, 追肥时间 20 ～ 30 天 / 次, 前期追施以氮肥为主, 后期追施以磷钾肥为主, 追肥后要及时灌水、松土、中耕除草。还要注意病虫害防治。

（三）葡萄园管理

对葡萄园合理的日常管理是葡萄正常生长的保证，涉及葡萄生长的全过程及休眠期。

肥料管理

基肥在秋季采果后施入，沿着原种植穴边沿向外挖40厘米×40厘米深穴，按一层土一层肥、分多层施入有机肥，以人畜粪、厩肥、沤肥等为主。盛果期葡萄按每生产1公斤果实施入2公斤以上有机肥料。追肥主要在2个时期，花前十多天施1次速效性肥料，如腐熟人粪尿等。果实膨大期施1次钾肥为主的肥料，如草木灰或腐熟鸡粪等。

水分管理

葡萄生长需要大量水分，几个关键时期要及时浇水，如萌芽后至开花前；生成果实后至果实着色期前。雨天要及时清理沟渠，排除积水。

花果管理

为提高坐果率(果树上结果实与开花数的比率)与增大果粒，提高产量和品质，可采用人工授粉方法。用带毛的兔皮钉在木板上制成授粉毛刷，在盛果初期用毛刷在葡萄花序上进行刷拉帮助授粉。

疏花疏果

对种植的葡萄品种采用疏花序、掐副花序、疏花蕾、疏幼果等方法疏除过多的果粒，提高果实品质。疏花序在花前半月左右完成。掐去花序末端五分之一到三分之一，把分化不良的副花序疏去。疏花蕾在开花前5～10天进行，用手轻轻撸花序，使部分花蕾脱落。疏幼果在生理落果后进行，每穗只留50粒左右果粒即可。

果实套袋

一般花后40天左右、果粒黄豆大小时进行套袋防治果实病虫害。选择每天早晨10时以前和下午4时以后进行套袋，防止午间高温灼伤果粒。

夏季修剪

抹芽绑梢与去卷须，生长前期抹去过多无用的嫩梢，新梢长30厘米左右时绑在铁丝上，以免被风刮断，同时摘去卷须。摘心去副梢，开花前5天左右摘心，提高坐果率。一般在果穗上留5片叶以上，摘去顶端嫩梢。摘心后副梢开始萌长，将果穗下副梢全部摘除，果穗以上副梢留2片叶再摘心。再摘心后的副梢又发生二次副梢，对二次副梢或以后发出的三次副梢继续采用同法摘心。主梢顶端的副梢可多留几片叶。

冬季修剪

冬季修剪宜在落叶后至翌年2月份前进行，2月后常有寒流，不宜修剪。修剪时应选留主蔓上生长充实、成熟良好、无病虫害的枝条作为结果母枝。粗壮枝可长留，瘦长枝可短留。在主蔓和侧蔓下部留部分短梢作预备枝，用以更新枝蔓。

图8 葡萄剪枝

第二章 葡萄酒历史

一、欧洲葡萄酒发展史

在当今世界，葡萄酒在世界范围内广受人们的喜爱，葡萄酒文化也随之广泛传播。关于葡萄酒的历史起源，古籍记载不尽相同。综合古籍史料推测，葡萄酒大约诞生于一万年前，甚至可能追溯到历史无法记载的时期。葡萄酒的最初发现源于偶然。在野外，当葡萄果粒成熟时，果实落到地上，果皮破裂，渗出的果汁与果皮上的酵母菌接触，在气候的配合下，并经过酵母菌的一番劳作，美味的葡萄酒就诞生了。人类的祖先不经意间尝到了这一自然的产物，立刻被这种带有颜色的果汁所吸引，爱上了这种味道，从而开始模仿大自然的这一酿造过程。

人类最初是利用野生葡萄来酿造葡萄酒，后来，人类开始有意识地栽培葡萄树，葡萄酒生产作为一个行业才算是渐现雏形。迄今为止最早的考古资料来自公元前 2250 年前后，国王乌鲁卡基那 (Urukagina) 当政时期用楔形文字进行的记载，表明最早的葡萄酒可能产生于古代苏美尔

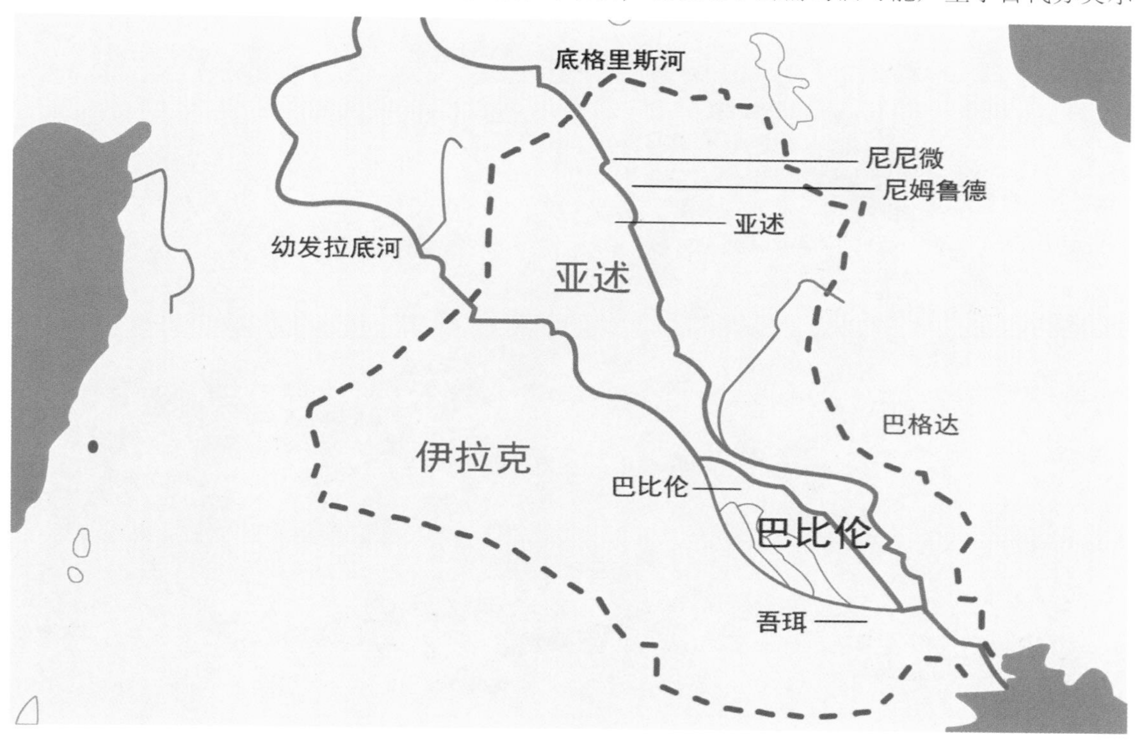

图 1 美索不达米亚发源地

(Sumer) 王国时期。这一推论与《圣经》中的描述也相当吻合。《圣经》中创世纪第八、九章说到了诺亚醉酒的故事，这个故事也暗示美索不达米亚 (Mesopotamia) 地区很可能就是葡萄酒发源地。据说在逃脱大地的洪灾之后，诺亚在阿勒山附近山坡上种下第一株葡萄藤，随后葡萄酒的酿造开始在这里兴起。葡萄酒酿造兴起之后，苏美尔周边地区的人们都闻到了葡萄酒的香味，对这种香气四溢的液体心驰神往，于是葡萄酒酿造技术和文化迅速向整个中西亚地区传播。这些地区的民族如巴比伦、亚述、赫梯、希伯来等，一边进行着相互之间的武力较量和国家更替，一边创造并继承着各自的文化，葡萄酒始终是他们饮食文化中的一个不可或缺的重要组成部分。从底比斯 (Thebes) 古都到今天的亚美尼亚 (Armenia)，形成幅员广阔的葡萄酒文化区域，葡萄酒文化在整个中西亚地区普及开来，并被一直传承。

葡萄酒文化在中西亚地区发祥以后，随着人们的迁徙，向西沿地中海传至欧洲的希腊，向东传播至中国新疆地区。大约公元前 2000 多年，活跃的腓尼基 (Carthage) 商人把在中西亚地区广泛流行的葡萄酒及其酿造技术带到地中海彼岸爱琴海 (Aegean Sea) 诸岛，从这个时候开始，葡萄酒逐渐融入希腊文化前身即爱琴海文明，并一直流传至今。公元前 7 世纪，希腊迅速兴起葡萄种植业。最初在阿卡迪亚 (Acadia) 和斯巴达 (Sparta)，随后传播到雅典周边的阿迪卡。由于古希腊的气候和地形非常适合葡萄生长，葡萄被大量种植，葡萄酒生产原

图 2 葡萄酒传播路线图

料充足。这一自然条件使得葡萄酒量高价低，葡萄酒成为当时希腊人民的日常饮料。充满智慧的古希腊人在日常饮用的同时不断进行着栽培和压榨技术的改进，这使得古希腊成为世界上第一个进行大规模商业化种植葡萄的地区。

大约在公元前1000年至公元前750年间，古希腊人开始将葡萄酒文化往殖民地输出。如今的世界葡萄酒文化统治者的法国，他们的葡萄酒文化最初就是这样萌生的。与此同时或稍晚一点，葡萄酒也开始传播到伊比利亚(Iberia)半岛，最先抵达的地点是当时希腊殖民地马伊纳克附近。随着罗国帝国的建立，迦太基商人大概在公元前8世纪时把葡萄酒带到罗马。但是葡萄酒在罗马的传播却经历了波折，公元前750年，在罗慕路斯兄弟建立的古罗马国范围内，国王为防止公民喝酒闹事，曾制定严格限制饮酒的法案条例。因此，在公元前1000年到公元前500年左右的五百年时间里，欧洲除了希腊、意大利半岛，其他地区的葡萄酒酿造产业并不兴盛，但喝葡萄酒的风气都在此期间慢慢传播。这种状态一直持续到公元前500年，当北方日耳曼人开通了向南通商之路，葡萄酒文化便沿着通商之路传到北方。如今的莱茵河畔(Rhine River)，在著名的德国葡萄酒产区戴德斯海姆(Deidesheim)和莱茵河上游，魏尔地区的玛利恩城堡曾被发现希腊式葡萄酒杯，表明在那个时期葡萄酒已经传入德国地区。当时的日耳曼人并不种植葡萄这种水果，物以稀为贵，传入的葡萄酒便以奢侈品的方式进入了当地贵族和富人的生活。

大约在公元前250年，来自意大利中部的古罗马人已经取代古希腊人成了地中海流域的霸主。在此过程中，葡萄酒文化为古希腊和古罗马的价值观沟通建立起了一座桥梁。此时的罗马人已经废除了建国初的禁止饮酒法案条例。罗马人一直感觉自己是由北纬度地区的农民发展成的士兵和统治者，因此他们坚信，虽然自己身在古希腊风格的别墅里享受奢华的宴会和酒会，但能通过种植葡萄等农作活动找到他们的民族之魂。古罗马帝国境内外一时饮酒成风。当时意大利葡萄酒风靡一时，甚至随着罗马帝国的扩张远销至印度北部及尼罗河南部。公元1世纪，为满足大量葡萄酒消费需要，西班牙及古罗马南部省区高卢(Gaul)也开始加快了生产步伐，提高葡萄酒产量，但意大利葡萄酒依然是当时最好的葡萄酒。

随着罗马帝国不断扩张，葡萄酒文化也随之被传播到更多地方。公元前后一个世纪，葡萄酒已经广泛传播到今天的法国地区，从波尔多(Bordeaux)、巴黎周围扩展到大西洋沿岸、诺曼底以及弗兰德(荷兰)。向南扩展到伊比利亚半岛的巴埃纳、巴尔德佩尼亚斯、巴塞罗那、巴伦西亚、塔拉戈纳等地，还延伸到隔海相望的北非。向北扩展到日耳曼地区(如今的德国)，从摩泽尔河(Mosel River)上游的罗马据点特里尔，沿河北上到达莱茵河畔。至此，葡萄酒遍布了整个欧洲大陆。

公元1世纪后半叶，巴勒斯坦地区出现基督教传教活动，势力逐渐渗入民间，世界进入宗教革命和教皇统治时代。在基督教文化盛传之时，基督教对于葡萄酒的发展以及葡萄酒文化的传播也起到了重要的历史推动作用。由于基督教徒将葡萄酒看作“圣血”，把葡萄酒视为生命中不可缺少的饮料酒，因此栽培葡萄并酿制上好的葡萄酒成了教会人员传教之外的一项主要工作。在这种文化背景下，葡萄酒在欧洲国家快速发展开来，这种风气也成为葡萄酒文化在世界范围内发展兴盛的又一大原因。葡萄酒也随着传教士的足迹传遍全世界。从起源地流入西方世界的葡萄酒文化，通过基督教的极力推行和传播，在西方世界扎根和发展。在整个中世纪和近代前期，教会和修道院成为推广葡萄酒文化的传播中心。

公元 768 年至 814 年统治西罗马帝国加洛林 (Carolingian) 王朝的“神圣罗马帝国”皇帝名叫查理曼 (Charlemagne)，这位皇帝权势巨大且对葡萄酒尤其喜爱，这一点影响了此后的葡萄酒发展。这位伟大的皇帝预见了从法国南部到德国北部葡萄园遍布的远景，著名勃艮第 (Burgundy) 产区的“可登 - 查理曼”顶级葡萄园曾经就是他的产业。

法国勃艮第地区产的葡萄酒，是法国传统葡萄酒典范。但很少人知道这一地区葡萄酒的源头是西多会 (Cistercians，一个天主教隐修会)。西多会的修道士是中世纪酿制葡萄酒的专家。公元 1112 年，一个名叫伯纳德的信奉禁欲主义的修道士，带领 304 个信徒从克吕尼 (Cluny) 修道院叛逃到勃艮第葡萄产区的科尔多省北部西托 (Citeaux) 境内一个新建小寺院，建立起西多会。伯纳德死后，西多会势力扩大到整个科尔多省地区，并在此地酿制葡萄酒，随后，西多会势力遍布欧洲各地 400 多个修道院。西多会修道士沉迷于葡萄品种的研究与改良，他们积极尝试，培育出了欧洲最好的葡萄品种，这些品种成为欧洲传统佳酿的源泉。公元 13 世纪，随着西多会的兴盛，遍及欧洲各地的西多会修道院酿造的葡萄酒也赢得越来越高的声誉。15、16 世纪，人们普遍认为欧洲最好的葡萄酒就出自这些法国修道院。这期间，先进的葡萄栽培和葡萄酒酿造技术开始传入南非、澳大利亚、新西兰、日本、朝鲜和美洲等地。哥伦布发现新大陆之后，欧洲的种植葡萄又被传教士和殖民者带到墨西哥和加利福尼亚等地。

图 3 修道士品尝葡萄酒

17、18 世纪前后，法国开始雄霸整个葡萄酒王国，波尔多和勃艮第两大产区的葡萄酒是优质葡萄酒的两大支柱，代表了两个主要不同类型和风格的高级葡萄酒。波尔多的厚实和勃艮第的优雅，都成了酿造葡萄酒的基本准绳。然而这两大产区，由于特殊的环境要求，因此产出的葡萄产量有限，并不能满足全世界需要。于是，在第二次世界大战后的六七十年代开始，一些酒厂和酿酒师便开始在全世界找寻适合的土壤、相似的气候来种植优质的葡萄品种，同时注重葡萄酒酿造技术的研发和改进，从而使得整个世界葡萄酒产业发展进入了一个全盛时期。其中美国与澳大利亚就是酿酒的绝佳的地方，在利用得天独厚的自然条件的同时，同时酿制和宣传过程中采用了现代科技，市场开发技巧，给全世界的消费者带来了不一样的葡萄酒体验。如今，美国、澳大利亚、新西兰、智利、阿根廷等国家酿制出了新型的质量上乘的葡萄酒，成为葡萄酒的生产大国，为了有别于欧洲酿制的传统葡萄酒，将他们产的酒称之为新世界酒。

二、中国葡萄酒发展史

葡萄，我国古代曾叫"蒲陶""蒲萄""蒲桃""葡桃"等，葡萄酒则相应地叫做"蒲陶酒"等。此外，在古汉语中，"葡萄"也可以指"葡萄酒"。关于葡萄两个字的来历，李时珍在《本草纲目》中写道："葡萄，《汉书》作蒲桃，可造酒，人酺饮之，则醄然而醉，故有是名。""酺"是聚饮的意思，"醄"是大醉的样子。按李时珍的说法，葡萄之所以称为葡萄，是因为这种水果酿成的酒能使人饮后醄然而醉，故借"酺"与"醄"两字，叫作葡萄。

我国原生的山葡萄，也叫野葡萄，有20多种，古人笼统地叫它蘡薁(yīng yù)。从东北到西北，从南方到北方，野生葡萄在我国分布范围很广。人工栽培的葡萄，在我国自古有之。周朝时期就有了人工栽培的葡萄和葡萄园。《周礼》一书的"地官篇"中，就有这样的记载，把葡萄列为珍果之属。我国的欧亚种葡萄(即在全世界广为种植的葡萄种)是在汉武帝建元年间，历史上著名的大探险家张骞出使西域时(公元前138~前119年)从大宛国带来的。他将西域的葡萄在中原栽培，丰富了中原大地原有的葡萄品种。

2003年新疆鄯善县海洋墓葬发现的葡萄藤，被认定为公元前10至前8世纪种植的葡萄，是我国境内迄今发现最早的葡萄藤。根据对出土葡萄藤的分析与推测，当时新疆应当已有葡萄种植与葡萄酒的酿造技术，这些技术则很有可能来自小亚细亚或美索不达米亚地区。新疆地区由于气候与中西亚类似，适宜葡萄的生长，所以葡萄自中亚传入后得以迅速地被大面积栽培。新疆的葡萄栽培和葡萄酒酿造历史是我国葡萄酒酿造历史的一部分，也是一个重要的里程碑。

秦始皇统一六国后，秦代内地与西域交通已经比较频繁，随之葡萄被引种内地。据史料推测，内地在西汉以前就开始种植葡萄。汉武帝派遣张骞出使西域，将西域的葡萄及酿造葡萄酒的技术引进中原，促进了中原地区葡萄栽培和葡萄酒酿造技术的发展。葡萄酒已成为当时皇亲国戚、达官贵人享用的珍品。相传汉朝陕西扶风，一个叫孟佗，字伯良的富人，拿一斛葡萄酒贿赂宦官张让，当即被任命为凉州刺史。后来苏轼对这件事感慨地说："将军百战竟不侯，伯良一斛得凉州。"可见当时葡萄酒对国人的吸引力。

魏晋以后新疆与内地政治经济往来逐渐紧密，精绝等国(当时中国周边的一个小城邦国家)的葡萄栽培技术继续向东传播。靠近内地的吐鲁番地区逐渐发展成新疆乃至全国重要的葡萄种

图4 中国古代酿制葡萄酒

图5 葡萄酒品尝（唐朝）

植区。新疆地区的葡萄栽培技术通过玉门关、河西走廊，之后推广到陕西。葡萄酒传入中原腹地后，富豪大户开始种植葡萄并酿酒，进而葡萄深入民间，成为一种常见的经济作物。《洛阳伽蓝记》记载，南北朝白马寺“柰林葡萄异于余处，枝叶繁衍，子实甚大。柰林实重七斤，葡萄实伟于枣，味且殊美，冠于中京”。可见葡萄在中原地区有非常普遍的种植，并且在当时广受人们的喜爱。

我国葡萄与葡萄酒文化在唐代达到历史上的鼎盛时期。唐以前内地消费葡萄酒主要以“西域”进口为主，而中原地区大规模酿造葡萄酒则始于唐代。唐朝时葡萄种植已分布于我国西域、西北、北方、关中、河朔、西南(包括南诏)、吐蕃，甚至淮南地区，尤其是西域、河西、河东的太原地区以及长安、洛阳两京之地，在唐朝时已是葡萄的重要产地。葡萄酒的酿造也从宫廷和富人府邸走向民间。李白诗曰：“葡萄酒，金叵罗，吴姬十五细马驮……”这首诗既说明了葡萄酒已普及民间，又说明了葡萄酒的珍贵；它像金叵罗一样，可以作为少女陪嫁的嫁妆。

元代是中国古代历史上葡萄栽培面积最大、种植地域最广、酿酒数量最多的时期，葡萄栽培技术与酿酒技术都得到巨大发展。

意大利人马可·波罗在元朝政府供职十七年，他所著的《马可·波罗游记》记录了他本人在元朝政府供职十七年间所见所闻的大量史实，其中有不少关于葡萄园和葡萄酒的记载。在“物产富庶的和田城”这一节中记载：“(当地)产品有棉花、亚麻、大麻、各种谷物、酒和其他的物品。居民经营农场、葡萄园以及各种花园”。在“哥萨城”(今河北涿州)一节中说：“过了这座桥(指北京的卢沟桥)，西行四十八公里，经过一个地方，那里遍地的葡萄园，肥沃富饶的土地，壮丽的建筑物鳞次栉比。”在描述“太原府王国”时则这样记载：“……太原府国的都城，其名也叫太原府……那里有好多葡萄园，制造很多的酒，这里是契丹省唯一产酒的地方，酒是从这个地方贩运到全省各地的。”

元朝的统治者十分喜爱马奶酒和葡萄酒。据《元史卷七十四》记载，元世祖忽必烈至元年间，祭宗庙时，所用的牲齐庶品中，酒采用“潼乳、葡萄酒，以国礼割奠，皆列室用之”。“湩乳”即马奶酒。这无疑提高了马奶酒和葡萄酒的地位。至元二十八年五月(1291年)，元世祖在“宫城中建葡萄酒室”(故宫遗迹)，更加促进了葡萄酒业的发展。

在政府重视、各级官员身体力行、农业技术指导、官方示范种植的情况下，元朝的葡萄栽培与葡萄酒酿造有了很大的发展。葡萄种植面积之大，地域之广，酿酒数量之巨，都是前所未有的。当时，除了河西与陇右地区(即今宁夏、甘肃的河西走廊地区，并包括青海以东地区和新疆以东地区和新疆东部)大面积种植葡萄外，山西、河南等地也是葡萄和葡萄酒的重要产地。

此外，为了保证官用葡萄酒的供应质量，据明朝人叶子奇所撰《草木子》记载，元朝中央政府还在山西太原与江苏南京等地区附近设置官方酿酒作坊，以所开辟的官方葡萄园的葡萄为原料，这种做法与如今酒庄酿酒的理念非常相似。为了保证酿造葡萄酒的质量，官方还积极发展葡萄酒质量检测方法。其质量检验的方法很奇特，每年农历八月，将各地官酿的葡萄酒取样“至太行山辨其真伪，真者下水即流，伪者得水即冰冻矣”。

元朝葡萄酒发展迅速的重要原因之一是中央政府的政策扶持，主要表现为与葡萄酒相关的税收政策。中央政府鼓励葡萄酒消费，还允许民间自酿葡萄酒，且家酿葡萄酒不必纳税。《元典章》记载，大都坊间酿酒户，有起家巨万、酿葡萄酒多达百瓮者。可见当时葡萄酒酿造已达相当规模。由于这种民间的大规模种植与消费，元代时期涌现出了大量与葡萄酒有关的诗词、绘画、词曲，葡萄酒文化逐渐融入文化艺术的各个领域。

明朝葡萄酒因为失去中央政府的优惠政策扶持，不再有昔日元朝时的繁盛。这一时期，其他各类酒的品种和产量都大大超过前期。明代葡萄酒较弱于元代的另一个重要原因是明朝的统治阶层是汉人，而元代的统治阶层是蒙古人。汉人习于饮用米酒，蒙古人是游牧民族，食肉较多，传统上习饮葡萄酒和马奶酒。

清朝由于康熙统一边疆，西部的广大地区政治稳定，经济自然进一步发展，葡萄种植的品种也有所增多。清朝后期，鸦片战争后随着门户被强行打开，市场上葡萄酒的品种明显增多。少数出产于中国，多数来自于进口。清朝后期，爱国华侨张弼士先生于1892年投资300万两白银，在山东烟台建立张裕酿酒公司。聘请奥地利人巴堡男爵担任酿酒师，从欧洲引进120多个酿酒葡萄品种，在山东烟台的张裕东山葡萄园和西山葡萄园进行栽培。与此同时还引进了国外先进的酿酒工艺和酿酒设备，使我国的葡萄酒生产，走上工业化大生产的道路。

第三章 中德葡萄酒产业

一、中国葡萄酒产业

据记载，中国内地的葡萄栽培及葡萄酒生产最早始于汉代张骞出使西域归来的时候。到了唐朝，葡萄酒已经得到当时人们的青睐，葡萄酒的生产规模扩大，优雅璀璨的葡萄酒文化得以进一步积淀、推广与传播。唐朝著名诗人王翰的“葡萄美酒夜光杯，欲饮琵琶马上催”更是成了广为流传的脍炙人口的诗句。元朝时，葡萄酒和葡萄酒文化的发展达至鼎盛时期。晚清时期，爱国华侨张弼士建立张裕酿酒公司，开启近现代中国葡萄酒文化新篇章，成为中国葡萄酒企业的先驱。目前，我国消费者对于葡萄酒的接受程度不断提高，葡萄酒已经成为庆典活动及日常生活中常用饮料。由于消费市场的不断发展与成熟，中国葡萄酒产业正在迅速发展壮大。

（一） 葡萄产区

2015 年中国葡萄酒产量从 1980 年的 7.8 万千升增加至 116.1 万千升，30 年间产量年均增长达 9.42%。

葡萄酒的产量与品质深受酿酒葡萄原料的影响。“橘生淮南则为橘，生于淮北则为枳”，和橘子一样，葡萄的种植也会因为气候、土壤、地貌等自然条件的不同而有所差异。从这个角度而言，并不是所有的土地都适合种植酿酒葡萄。在适合种植酿酒葡萄的地区中，也会因为每个地区的自然条件不同，种出来的葡萄口感相差很大。

葡萄种植的最佳地带是在北纬 30 度至 50 度、南纬 30 度至 40 度的范围内，该地带的昼夜温差、光照、与湿度条件都适合种植优质的酿酒葡萄。由于我国地域范围广阔，处于北纬 30 度至 50 度的地域范围也较大，目前形成了九大葡萄酒产区。分别是：胶东产区、昌黎产区、北京及沙城产区、黄河流域产区、东北产区、贺兰山产区、河西走廊产区、新疆产区和云南产区。九大产区所有的酿酒葡萄种植面积现已突破 80 万公顷。产区分布如图 1 所示。

胶东产区

胶东产区是我国现代葡萄酒历史上第一个真正意义上葡萄酒产区，是在 1892 年由张弼士先生和他的团队开创的。起先仅限于烟台东山和西山，后来扩张到福山、蓬莱、龙口、莱州和招远等地。由于烟台地区理想的光照和气候等优越的自然条件，加上张裕公司的努力，烟台葡萄

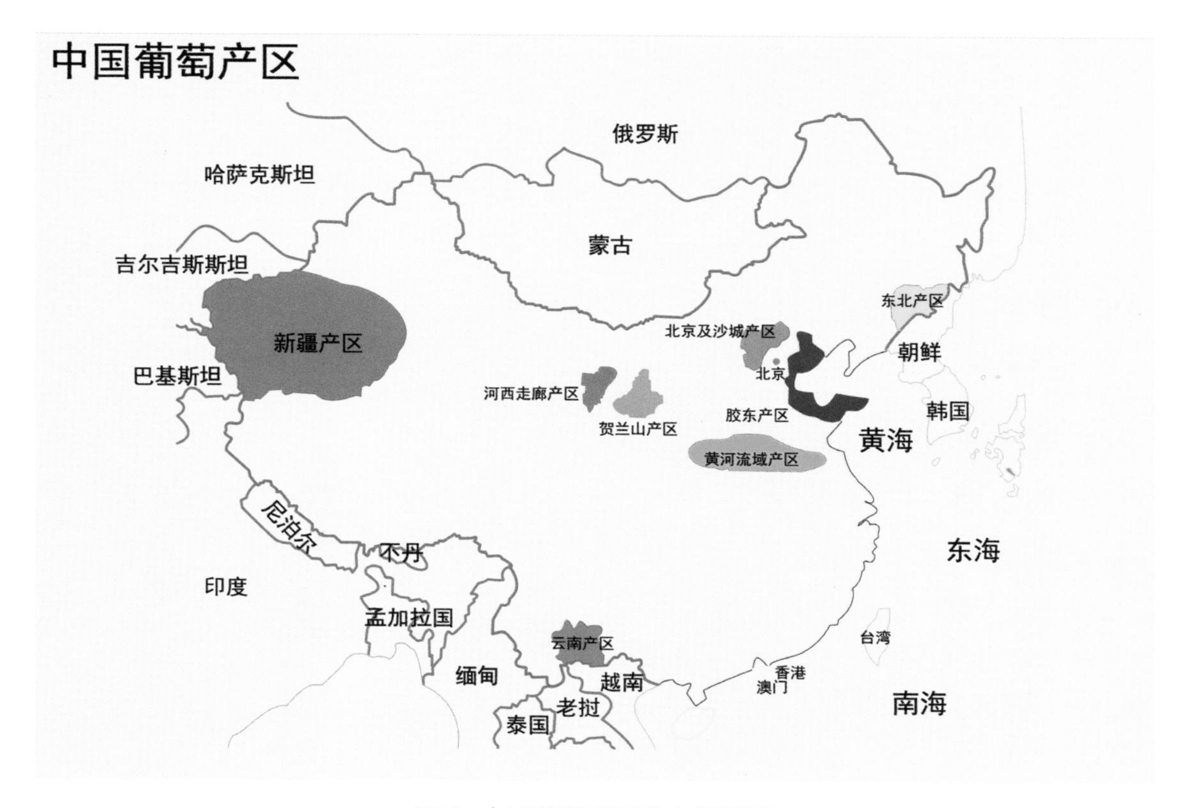

图 1 中国葡萄产区分布示意图

与葡萄酒屡获殊荣，烟台也随之成为闻名遐迩的葡萄酒城。随着国内葡萄酒消费的迅速扩张，加上政府的推动和支持，烟台又吸引了长城、香格里拉、威龙等葡萄酒公司落户胶东，使得烟台产区成为国内葡萄酒产量最大的产区，烟台也成了名副其实的国际葡萄酒城。

昌黎产区

昌黎县位于北纬 39 度，地处河北省东北部。属东部季风区暖温带，半湿润大陆性气候，四季分明。日照、降雨量、昼夜温差、无霜期等都与法国著名的葡萄酒产地波尔多极为相近。它东临渤海，北依燕山，西南挟滦河，受山河海的影响，形成了独特的区域性特点。

土壤为砾石和沙质地，葡萄的含糖量高，挂果时间长，采收期较迟，一般在国庆节前后。

北京及沙城产区

此处位于长城以北，包括宣化、涿鹿、怀来。沙城地区系桑洋盆地，属温暖半干旱地区。光照充足，热量适中。昼夜温差大，夏季凉爽，气候干燥，雨量偏少，质地偏沙，多丘陵山地，十分适于葡萄的生长。

贺兰山产区

贺兰山东麓位于北纬 38 度，平均海拔高达 1100 米，年均日照时长 3000 小时，葡萄生长季降雨量较低(约600毫米)。黄河在过去几百万年中流经该产区，带来了丰富的矿物质和多孔隙的灰色沙漠土壤。得天独厚的风土条件，使当地的葡萄抗病性强，产量高，出产的葡萄酒获得了100多个国际大奖。

黄河流域产区

黄河流域产区属大陆性气候，降雨量少，日照充裕，昼夜温差达15℃，土壤为沙土。该产区是中国新兴葡萄酒产区之一，葡萄种植的主要区域与法国波尔多处于同一纬度。

新疆产区

新疆地区主要的葡萄产区包括吐鲁番盆地的鄯善、玛纳斯平原和石河子地区。此区土壤为砂质土，气候干燥，无病虫害，有效积温高，日照充足，昼夜温差大，有利于糖分的迅速积累，因此，新疆产区的葡萄品种一般生长势强，产量高，品质高，酒的品质也高。

（二） 葡萄品种

中国广泛种植的酿酒葡萄中，以红葡萄品种为主，种植比例约占79%，白葡萄品种约占20%。

赤霞珠是目前我国栽种面积最大的引进品种，在我国的栽种面积超过2.3万公顷。引进的其他红葡萄品种还有梅洛、品丽珠、蛇龙珠、黑皮诺和本土品种山葡萄(V.amurensis)等。上述葡萄品种为酿酒葡萄的主栽品种，栽培面积约占全国酿酒葡萄的80%。各产区并没有适应于产区特色种植的葡萄品种，因此各个产区的葡萄品种类似，导致国产葡萄酒缺乏特点、同质化严重，也因此影响了葡萄酒整体品质和市场竞争力。除了红葡萄品种，白葡萄品种也比较有限，主要有龙眼(Dragon Eye)、贵人香(Italian Riesling)、霞多丽(Chardonnay)、白雷司令(White Riesling)、白玉霓(Ugni Blanc)、长相思(Sauvignon Blanc)等。

龙眼

为我国古老而著名的晚熟酿酒葡萄品种。该葡萄品种果汁糖分高，浓度大，刀切而其汁不溢，吃起来味极甘美。目前，从我国的黄土高原到山东均有广泛栽培。河北张家口(涿鹿、怀来县沙城等)、昌黎地区、山东平度大泽山、山西清徐、陕西榆林等地的栽培面积较大，其中河北怀涿盆地的栽培面积最大。用龙眼葡萄酿造的干白葡萄酒，色泽微黄带绿，酒体澄清晶亮，具有新鲜的果香，口味醇和爽净，柔细舒顺， 已成为上等佐餐葡萄酒。这种葡萄酒因为果香浓郁，酒体醇厚，清新爽口，回味柔长，被中国和其他国家的行家誉为“东方美酒”。

图2 龙眼葡萄

图 3 山葡萄

山葡萄

原产中国东北、华北及朝鲜、俄罗斯远东地区。中国主要分布于黑龙江、吉林、辽宁、内蒙古等地，生长于海拔 200 米至 1200 米的地区，多生在山坡、沟谷林中及灌木丛中。中国自 20 世纪 50 年代开始研究人工驯化栽培研究并取得成功，开始在东北三省及内蒙古地区大量栽培。山葡萄酒中富含的糖、有机酸、多种维生素和无机盐等 250 多种成分，其营养价值已经得到充分的肯定。特别是山葡萄酒中含有大量的原花青素和白黎卢醇等多种能防治心血管疾病作用的微量元素。

图 4 蛇龙珠

蛇龙珠

1892 年从欧洲引入中国烟台，一向被认为是法国品种，并且与赤霞珠、品丽珠合称三珠姐妹系，然而法国、德国均无该品种的栽种。2011 年瑞士科学家经过 DNA 比对，发现蛇龙珠与智利的特色品种佳美娜 (Carmenere) 的遗传序列完全相同，确定为同一品种。蛇龙珠目前在我国的栽培面积约 3400 多公顷，占酿酒葡萄栽培总面积的 8% 左右。 该葡萄品种主要分布在山东烟台，占了全国总产量的 70%。解百纳干红里面的主要原料之一就是蛇龙珠。

（三） 葡萄酒产业及市场

从酿酒葡萄的种植面积来看，我国的酿酒葡萄种植面积基本呈现逐年上升的趋势。从横向比较来看，我国酿酒葡萄的种植面积已经逐渐赶上旧世界国家[1]，并且已经远远超过新世界国家代表的澳大利亚。我国的种植面积也远远超过德国。具体情况如表 1 所示。进一步来考察葡萄酒的产量。从最近十年的数据来看，我国葡萄酒产量在 2012 年以前逐年增长，并在 2012 年达到顶峰，但在 2013 年、2014 年却出现了比较明显的下滑。如图 5 所示。

市场方面，在全球化趋势的影响下，进口葡萄酒成为中国葡萄酒市场的重要组成部分。从 1995 年开始，进口葡萄酒开始出现增长，从 1995 年到 2010 年我国进口葡萄酒年均增长率达 45.12%，成为全球进口增长最快的市场之一。自 2013 年开始，我国葡萄酒进口额逐年减少。这与上述产量上的变化趋势基本保持一致。如图 6 所示。

1 旧世界国家：指法国、意大利、西班牙等有着几百年历史的传统葡萄酒酿造国家。

表 1　世界主要国家酿酒葡萄种植面积（单位：千公顷）

年份	西班牙	法国	意大利	德国	中国	澳大利亚
2005	1180	895	894	102	436	167
2006	1174	888	803	102	447	169
2007	1169	859	805	102	478	174
2008	1165	846	769	102	488	173
2009	1113	825	757	102	534	177
2010	1082	804	739	102	588	171
2011	1032	796	720	102	633	170
2012	1017	792	713	102	709	162

资料来源：国际葡萄与葡萄酒组织 http://www.oiv.int

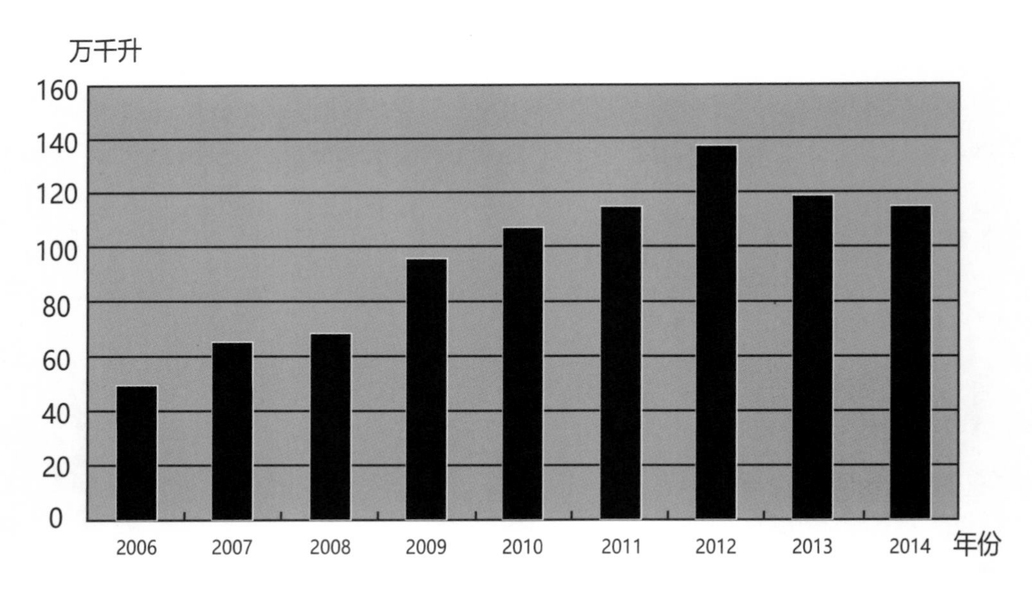

图 5　中国葡萄酒生产量 (2006~2014)

数据来源：联合国贸易数据库 http://comtrade.un.org

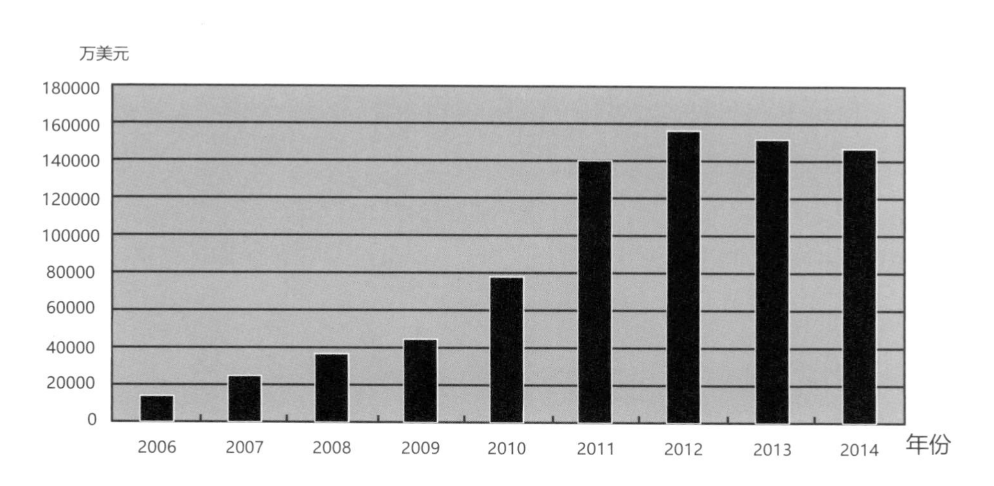

图 6 中国葡萄酒进口额 (2006~2014)

数据来源：联合国贸易数据库 http://comtrade.un.org

最后，再从葡萄酒在中国饮料酒产业中的生产地位来看，葡萄酒的产量在整体上处于四种主要酒中的末位。近年来葡萄酒产量在我国整个饮料酒产量中的比重基本上保持在 1%~2% 之间，唯一突破 2% 是在 2012 年。啤酒的生产量一直保持在较高的水平，黄酒的产量比重也明显超过了葡萄酒，并且成连年增长的趋势。具体情况如表 2 所示。

表 2　中国葡萄酒在饮料酒产业中的生产比例变化情况
(2010~2014 年，单位：万千升)

年份	白酒		啤酒		葡萄酒		贡酒	
	产量	比量	产量	比量	产量	比量	产量	比量
2010	890.83	15.86 %	4483.00	79.81 %	108.88	1.94 %	134.14	2.39 %
2011	1025.55	16.51 %	4898.82	78.87 %	115.69	1.86 %	171.00	2.75 %
2012	1153.16	18.00 %	4902.00	76.52 %	138.16	2.16 %	212.7	3.32 %
2013	1226.20	18.41 %	5061.54	75.99 %	117.83	1.77 %	255.2	3.83 %
2014	1257.13	19.14 %	4921.85	74.94 %	116.10	1.77 %	272.9	4.16 %

数据来源：联合国贸易数据库 http://comtrade.un.org

（四） 中国葡萄酒生产企业

中国葡萄酒产业发展时间较晚，大型企业一直占据着主导地位，呈现出典型的寡占型市场结构。中国的葡萄酒生产产业分布广泛，分布在26个省、自治区、直辖市，但主要还是集中在山东、河北、河南、吉林、辽宁、新疆、甘肃、天津等地，上述产区生产的葡萄酒市场占有率达到51.87%。从葡萄酒生产企业数量和规模来看，山东、河北两省葡萄酒企业数约占总数的40%，是中国葡萄酒生产最集中的省份。

目前，中国主要的葡萄酒生产企业包括：张裕、长城、王朝、威龙等。

张裕

烟台张裕葡萄酿酒股份有限公司其前身为烟台张裕酿酒公司，总部位于山东烟台。它是由中国近代爱国华侨张弼士先生创办的中国第一个工业化生产葡萄酒的厂家。1892年，张弼士投资300万两白银在烟台创办张裕酿酒公司。直隶总督、北洋大臣李鸿章和清廷要员王文韶亲自签批了该公司营业“准照”，光绪皇帝的老师、时任户部尚书、军机大臣翁同龢亲笔为公司题写了厂名。“张裕”二字，冠以张姓，取昌裕兴隆之意。张裕酿酒公司的创建，被北京中华世纪坛记载为中国1892年所发生的四件大事之一。至今已发展成为多元化并举的集团化企业，是目前中国乃至亚洲最大的葡萄酒生产经营厂家。目前，张裕公司在全国范围内拥有六大产区、八大酒庄，成为中国葡萄酒行业的领导企业。

王朝

中法合资王朝葡萄酿酒有限公司始建于1980年，总部位于天津。是中国第二家、天津市第一家中外合资企业，合资外方是世界著名的法国人头马集团亚太有限公司。公司在天津、山东、宁夏、新疆等地区建有葡萄基地，主要葡萄品种有梅洛、赤霞珠、品丽珠、霞多丽、玫瑰香、贵人香、白玉霓、雷司令等。2004年，王朝葡萄酒营业额达8.35亿元，年利税逾3.4亿元，净利润1.75亿元，营业额与净利润同比分别增长16%和28%，年产量为3万吨，约合3000万瓶。

长城

长城葡萄酒有限公司成立于1983年，总部位于河北昌黎。长城葡萄酒是全球500强企业中粮集团旗下驰名品牌，长城葡萄酒作为中国葡萄酒行业产销量和市场综合占有率的主导品牌，围绕北纬40度葡萄黄金生长带，长城葡萄酒拥有涵盖沙城、昌黎、烟台以及宁夏贺兰山、新疆天山五大产区，形成以桑干酒庄、华夏酒庄、中粮君顶酒庄等为代表的国内酒庄群。目前的产销量均居全国前列。

威龙

威龙葡萄酒公司成立于1982年，总部位于山东烟台地区，是中国大型葡萄酒生产企业之一。

主要产品有干酒、起泡酒、白兰地等60多个品种。威龙人为了提高葡萄酒的质量，大力投入，进行葡萄酒生产技术改造，取得丰厚成果，先后获得了ISO9002质量体系认证、绿色食品认证及CIS品牌形象三大认证。2009年，威龙在国内率先推出有机葡萄酒产品，成功建立公司自有的包括有机葡萄基地、生产车间和营销渠道等一系列经营格局，使得葡萄酒从生产到销售保持原生态环境，开启了中国葡萄酒的有机时代。

（五） 中国葡萄酒行业协会及产业政策

中国的葡萄酒近现代的发展史不过100来年，自张裕引进国外葡萄品种以来才有了葡萄酒的发展，而后又经历战乱和贫困，中国的葡萄酒产业一直处于襁褓之中，直到新中国成立后才有了一定的发展。鉴于国内的经济形势，直到改革开放后，葡萄酒才逐渐被广大群众所熟识，慢慢走进寻常百姓家中，葡萄酒产业也在近二十年有了飞速发展。葡萄酒行业越来越规范化，一些葡萄酒协会和组织相继建立，国家也出台一些政策来规范行业准则。行业协会是行业发展和成熟的标志，葡萄酒组织协会在对葡萄酒行业的推动和规范化发展过程中起到了重要作用。

葡萄酒协会组织

行业协会的成立有助于规范化行业内的统一标准，促进行业内部之间技术交流，同时便于行业与政府交流，实现整个行业的良性发展。随着中国葡萄酒产业的发展，葡萄酒行业协会纷纷建立，从最初的香港葡萄酒协会到山东省葡萄与葡萄酒协会再到中国酒业协会等，葡萄酒协会在行业的发展中.发挥举足轻重的作用。中国国内主流的葡萄酒协会如下：

香港葡萄酒协会(HKWA, Hong Kong Wine Association)成立于20世纪60年代，由香港及海外的专业品酒师、侍酒师、餐厅大厨、葡萄酒进口商、零售商等对葡萄酒有深入认识的专业人士组成，成员来自法国、意大利、澳大利亚、美国等地葡萄酒业界知名人士，是国际葡萄酒组织认可的协会。该协会的主要宗旨是推广葡萄酒文化，定期为会员举办试酒会、葡萄酒晚宴，开设葡萄酒兴趣班和专业的葡萄酒课程。

山东省葡萄与葡萄酒协会(SDVWA, Shangdong Vine & Wine Association)成立于1988年，由山东省葡萄酒、黄酒、果酒、露酒生产企业和葡萄种植、经营单位及科研、设计、高等院校合作单位等自愿参加的非盈利性社会团体法人。协会宗旨是为了本行业经营、发展服务；遵守国家法律、政策、有关规定和社会道德风尚，维护会员单位的合法权益，推动行业健康发展；沟通政府与会员单位间的关系。

中国酒业协会(CADA, China Alcoholic Drinks Association)成立于1992年6月22日，是由应用生物工程技术和有关技术的酿酒企业及服务的相关单位自愿结成的行业性的全国性非盈利性组织。其中葡萄酒分会由葡萄酒相关的科技机构和组织组成。宗旨是结合行业特征，推动葡萄酒行业生产、流通、管理、科技水平的不断提高及国际交往的不断扩大，反映行业情况和意见，协调政府对葡萄酒行业加强管理。

成都市葡萄酒协会 (CDWSA, Chengdu Wine & Spirit Association) 由成都市民政局按照《社区团体登记管理条例》审批通过，于 2013 年 5 月成立的非营利性法人资格社会团体，是中国西南地区第一个葡萄酒行业协会。协会的宗旨是服务四川本土相关企业，开展世界葡萄酒文化的推广和教育公益活动，开展相关技能的培训，以葡萄酒相关企业为服务对象，搭建中外葡萄酒企业人员和信息交流平台。

中国葡萄酒协会联盟 (CWAA, China Wine Associations Alliance) 于 2016 年 3 月 23 日成立于四川成都，由国内其他的葡萄酒协会联合建立，目前包括成都市葡萄酒协会、香港葡萄酒协会和宁夏银川葡萄与葡萄酒协会加盟。宗旨是提升中国本土葡萄酒在各大主要市场的销量，搭建葡萄酒生产商和经销商之间的“桥梁”，传播葡萄酒文化，促进葡萄酒业的发展。

政府政策

进入新世纪以后，中国政府部门近些年来对葡萄酒行业大力支持，发布一系列的行业规范法规和扶持政策，促进了葡萄酒行业的规范化，调动了葡萄酒企业的积极性。葡萄酒行业获得快速发展。

中国酿酒产业“十一五”规划明确指出控制白酒产量(特别是高度白酒)，稳步发展啤酒，积极发展黄酒，大力发展葡萄酒，三种酒类的计划增长率分别为啤酒 5%、黄酒 8% ～ 10%、葡萄酒 15%。2012 年，工信部发布的“十二五”规划中，黄酒和葡萄酒的增长高于其他酒类。2013 年，商务部发布《关于葡萄酒反补贴立案的公告》，对欧盟产的进口葡萄酒进行反倾销及反补贴调查，规范了国内的葡萄酒市场。各省市政府出台政策扶持和鼓励发展葡萄酒产业，推出各项优惠政策加大招商引资力度，积极发展当地葡萄酒产业。2011 年甘肃省政府出台《甘肃省葡萄酒产业发展规划 2010 年—2020 年》，提出通过引入国内外知名企业合作建厂、扶持现有优势企业、大力发展中小企业等措施，扩大产业规模。河北昌黎县把葡萄酒产业确定为立县产业之首，以“公司 + 基地 + 农户”的形式将基地变成葡萄酒生产企业的第一车间。蓬莱市制定《蓬莱市葡萄酒地理标志保护管理办法》，通过规范化、标准化管理建设高标准葡萄种植园。

政府招商引资政策和产业发展规划支持了葡萄酒行业的发展，对中国葡萄酒产业的繁荣发挥了积极作用，是中国葡萄酒产业竞争力坚强后盾和可靠支持。

行业规范

无规矩不成方圆，为了使葡萄酒业发展更加规范化，统一提高葡萄酒行业的质量标准，遏制行业内部的恶性竞争，政府部门自 2005 年起，发布了一系列的行业规范条例。

2005 年 10 月 19 日，商务部发布的《酒类流通管理办法》(商务部 2005 年第 25 号令)，规定了包括酒类批发、零售、储运在内的酒类流通实行经营者登记备案制度和溯源制度。《酒类行业流通服务规范》(商务部 2013 年第 21 号公告)规定了酒类流通的术语和定义，界定了酒类流通的范围和流程，提出了销售全过程的质量控制重点，对宣传推介以及服务规范也提出了要求。

2005 年 1 月 1 日，《葡萄酒及果酒生产许可证审查细则》开始实施，该细则对葡萄酒生产企业的基本生产流程及关键控制环节、必备的生产资源、产品相关标准、原辅材料要求、检验及判定原则等作了规定。

2009 年 1 月 1 日，环保部发布的《中华人民共和国国家环境保护标准：清洁生产标准——葡萄酒制造业》(HJ452—2008)，规定了葡萄酒制造企业在达到国家和地方污染物排放标准的基础上，根据当前的行业技术、装备水平和管理现状进行清洁生产的一般要求。

2011 年 12 月 11 日，国家质检总局和国家标准委共同颁布的《中华人民共和国国家标准葡萄酒》(GB15037—2006)，对酿酒葡萄种植、葡萄酒生产到贮存、运输各过程的管理标准进行规范。

中国政府制定了一系列的行业法规对葡萄酒原材料、生产、贮存、流通等多方面进行规范，提高国内葡萄酒生产质量，同时规范国内葡萄酒市场。

二、德国葡萄酒产业

当人们提起德国和酒这两个词时，往往会想起举世闻名的德国黑啤。与啤酒相比，德国葡萄酒一点也不逊色，葡萄酒产业也很发达，是世界十大知名葡萄酒生产国之一，以生产口味香醇多变的白葡萄酒而著称，在国际市场上是白葡萄酒的代表，而且质优价廉。莱茵河中游的谷地是世界上最好的白葡萄酒产区。

素有“啤酒王国”之称的德国，其葡萄酒虽然没有啤酒那么大的名气，但也有着悠久的酿造历史。德国种植葡萄的历史可追溯到公元前 1 世纪。那时，罗马帝国占领了日耳曼领土的一部分，就是现在德国的西南部。罗马殖民者从意大利带来了葡萄树以及葡萄栽培和酿酒工艺。中世纪的时候，葡萄和葡萄酒主要是由修道院的修道士发起的。此后德国的葡萄酒文化同基督教有着密切的关系，至今有些种植区还在主教的所有权之下或者留下了主教教区的名称。到了 19 世纪德国的葡萄酒产业发展形成了规模，总种植面积是今天种植面积的数倍。但是后来出于工业革命和战争等各种动乱的原因，德国的葡萄酒业衰退了许多。如今，葡萄酒在德国已形成它特有的文化韵味，从酒杯酒具、酒馆酒吧，到各种葡萄酒节，以及葡萄酒品尝会、专题讲座等活动，每一个享用葡萄美酒的场合都充满着浪漫气息。德国葡萄酒文化将葡萄酒和音乐生活紧密连接起来。丰收季节，德国葡萄酒界会举行一年一度的葡萄酒女王选举。同时葡萄酒酿酒区还举行各式各样的音乐会，葡萄酒聚会将德国葡萄酒文化渲染到极致，吸引着无数游人酒客流连忘返。

（一）葡萄产区

德国位于欧洲的中部，纬度同中国的黑龙江省纬度相近，属于温带海洋性气候，其葡萄园称得上是世界上最北面的葡萄园，绝大多数葡萄都种植在沿河流域，包括贯穿德国的莱茵河，以及汇集到莱茵河的一些支流，在这些支流中有著名的摩泽尔 (Mosel) 河。由于河流的调节作用，这些葡萄生长在独特的微气候条件下，具有特别的风土优势，葡萄可以在凉爽的气候中缓慢的成熟，形成细腻芬芳的果香，从而造就了著名的德国葡萄酒。

德国葡萄酒产区总共分为13块，分别是摩泽尔(Mosel)、莱茵高(Rheingau)、法尔兹(Pfalz)、莱茵黑森(Rheinhessen)、阿尔(Ahr)、中部莱茵(Mittelrhein)、那赫(Nahe)、巴登(Baden)、弗兰肯(Franken)、符腾堡(Wurttemberg)、黑森林道(Hessisiche Bergstrasse)、萨勒-温图特(Saale-Unstrut)和萨克森(Sachsen)，其中摩泽尔、莱茵高和法尔兹是德国最重要的雷司令葡萄酒产区，这里出产的葡萄品种优异，在世界雷司令葡萄酒中独占鳌头。

阿尔

阿尔是德国面积较小的一个葡萄酒产区。对于德国人来说，该产区多数的葡萄酒是红葡萄酒。其中，产区最主要的红葡萄品种是斯贝博贡德，“Spatburgunder”，也就是我们常说的黑皮诺。

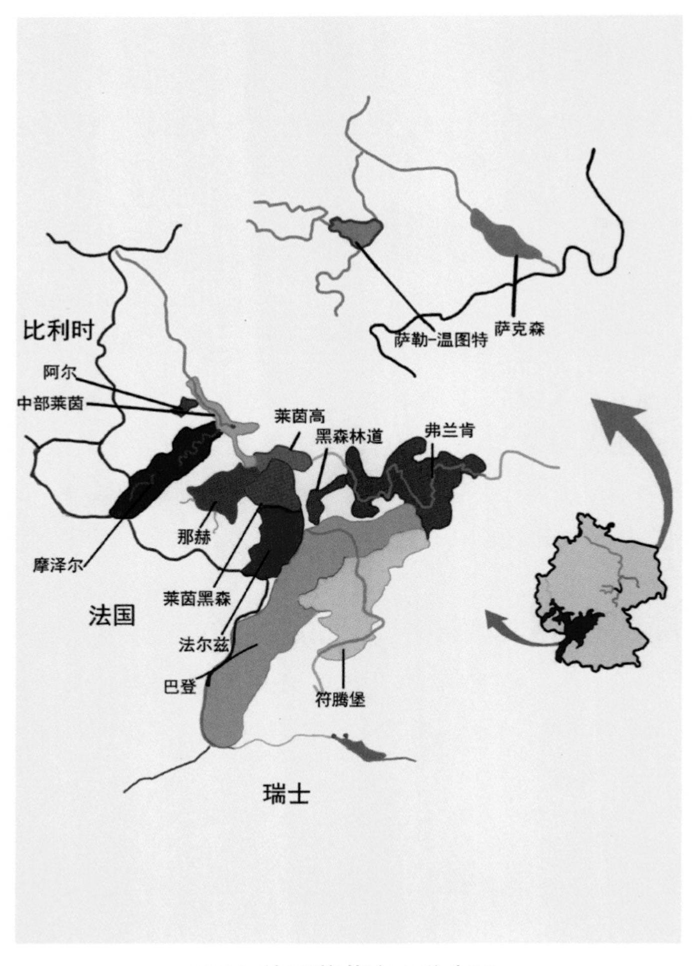

图7 德国葡萄产区分布图

中部莱茵

中部莱茵产区沿莱茵河分布。在德国，这也是一个面积较小且风景如画的葡萄酒产区，这里多数的葡萄酒都是用雷司令葡萄酿制而成的白葡萄酒。此外，该产区的葡萄酒大多在德国国内被消费。

摩泽尔

摩泽尔是德国最重要的葡萄酒产区之一，分布在该地区三大河流周围。德国最好的梯田葡萄园都位于倾斜的山坡上，从葡萄园里能俯瞰此处美丽的河流。该产区最好的葡萄酒都是用雷司令葡萄酿制而成的，但近来米勒 - 图高 (Muller-Thurgau)、艾伯灵 (Elbling) 和肯纳 (Kerner) 等葡萄品种的数量也在逐渐增多。这里还拥有德国最知名的葡萄酒产区，包括策尔黑猫 (Zeller Schwarze Katz)、皮埃斯波特 (Piesporter) 和非常出色的伯恩卡斯特 (Bernkasteler)。

莱茵高

莱茵高是德国品质最高的葡萄酒产区，面积不算太大，却声名显赫。这里的葡萄园沿莱茵河分布，主要出产雷司令葡萄。品酒师们曾指出，该产区的酒商们为迎合市场需要不断扩大产量，所以葡萄酒的质量一直在下降。2000 年，德国政府为治理相关问题，签署了一份新的葡萄园分级制度，制度的结构与法国的勃艮第产区分级非常相似。评论家们随后也指出，由于这种分级制度给予全国 33% 的葡萄园最高的分级排名，所以并没有什么特别明显的改善效果。评论家们之所以这样说，是因为勃艮第产区中仅有 3% 的葡萄园被评为了特级葡萄园 (Grand Cru)，只有 11% 的葡萄园被评为了一级葡萄园 (Premiers Cru)。相比之下，莱茵高的分级标准要求不高。

那赫

那赫是德国最主要的葡萄酒产区之一。对于许多人来说，这里出产的葡萄酒与摩泽尔及莱茵高的品质一样出色。葡萄酒爱好者们可以走访一下该产区的巴特克罗伊茨纳赫 (Bad Kreuznach)，这里是产区的中心，不但有品质较好的雷司令，还有许多适合游玩的地方。在欣赏美丽风景的同时品尝美味的葡萄酒是一个绝佳的体验。

莱茵黑森

莱茵黑森是德国最大的葡萄酒产区，出产的雷司令葡萄酒较少，较多见的是用米勒 - 图高和西万尼 (Sylvaner) 酿制而成的白葡萄酒。与其他很多面积较大的葡萄酒产区一样，这里的葡萄酒生产注重数量，而非质量。

法尔兹

该产区是从法国阿尔萨斯的北侧到德国边境绵延 50 英里，出产红葡萄酒和白葡萄酒。这里能用黑皮诺酿制成酒体较轻的红葡萄酒，用雷司令和米勒 - 图高酿制大量的白葡萄酒。虽然法尔兹从面积来说是德国第二大葡萄酒产区，但它也是德国葡萄酒产量最高的产区。

巴登

巴登也是德国面积较大的一个产区，其西侧与法国相邻，南部与瑞士相邻。该产区的葡萄园一般都位于黑森林 (Black Forest) 里的山腰位置，所产的果实能够酿制出德国最多的红葡萄酒，即被称作斯贝博贡德 (Spatburgunder) 的黑皮诺。此外，该产区还用米勒 - 图高和被称作鲁兰德 (Rulander) 的灰皮诺酿制白葡萄酒。

弗兰肯

弗兰肯是面积较大的德国葡萄酒产区，多用西万尼 (Sylvaner) 酿制干白葡萄酒。虽然许多德国葡萄酒产区也出产花香较重，略带甜味的葡萄酒，但该产区的葡萄酒却普遍纯净酸爽。所以，想要用德国干白葡萄酒佐餐的葡萄酒爱好者就可以找此产区的葡萄酒。

符腾堡

符腾堡是德国面积第四大的葡萄酒产区，位于德国著名城市斯图加特 (Stuttgart) 周围，即德国汽车工业的大本营。符腾堡主要酿制一些令人感兴趣的红葡萄酒，所用的红葡萄品种除了有黑皮诺外，还有一些本土品种，如特罗灵格 (Trollinger)、莱姆贝格 (Lemberger) 和黑雷司令 (Schwarzriesling)。

黑森林道

黑森林道是一个面积很小的德国葡萄酒产区，主要出产雷司令酿制的白葡萄酒。这里多数的葡萄酒也都销售于本地市场。

萨克森

萨克森是德国最小的葡萄酒产区，主要分布在曾是东德领地的德累斯顿市 (Dresden) 周围。该产区只出产干白葡萄酒。

萨勒 - 温图特

该产区的面积也较小，地理位置靠北，位于莱比锡 (Leipzig) 附近，仅出产干白葡萄酒。

（二） 葡萄品种

德国葡萄的品种繁多，不同的品种酿制出各式各样口味独特的葡萄酒。德国产区大约有 4/5 以上的种植面积为白葡萄品种，其他为红葡萄品种。主要的葡萄品种有：雷司令、黑皮诺、施埃博 (Scheurebe)、琼瑶浆 (Gewurztraminer)。

图 8 黑皮诺

雷司令

雷司令为白葡萄品种，是源于莱茵河流域的一个珍贵品种。主要产区是德国和法国的阿尔萨斯大区。在全世界都有广泛的种植，在法国顶级白酒区阿尔萨斯被称为白葡萄品种之王，可见是皇冠上的明珠。年轻的雷司令香气精巧，带有柠檬、柚子和小白花的香气，口感酸度较高；老熟的雷司令则会带有特殊的汽油味道，这种味道是某些品酒师判断雷司令的依据。雷司令还可以酿造顶级的甜酒，甜美的蜂蜜、水蜜桃和杏子的香气，浓甜中的高酸度带来惊人的平衡感，在好的年份，雷司令还有陈酿的能力，潜力可达 10~20 年。

图 9 雷司令

黑皮诺

黑皮诺原产于法国勃艮第地区，栽培历史悠久。全球最贵的葡萄酒罗曼尼 – 康帝(Romanee-conti) 就是由黑皮诺酿造的。在香槟区，黑皮诺也是调配香槟酒重要的红葡萄品种。

该品种的果皮薄，果实脆弱，如果气候潮湿则容易腐烂，如果日照过多则将失去甜美的鲜果芳香。黑皮诺对气候非常挑剔，因此，黑皮诺的品质也是最飘忽不定的，在好的年份用黑皮诺可以酿出世界上最好的红葡萄酒。

琼瑶浆

起源于意大利的蒂罗尔州(Tyrol)，以强劲

图 10 琼瑶浆

的果香而闻名，土壤和采摘时间的微妙差别也被它的口味诠释得淋漓尽致。在阿尔萨斯经常被用来酿制优质的迟摘型甜白酒。在德国、奥地利和加拿大，也被用来酿制冰酒，虽然琼瑶浆生产出的冰酒糖分和果香充沛，但往往缺乏足够的酸度，在冰酒生产中用得不如雷司令和威达尔(Vidal)广泛。

（三） 葡萄酒产业及市场

从德国葡萄酒的产量来看，表现出比较明显的成熟葡萄酒生产国的产量特征。结合前文表 1 中的信息，德国的酿酒葡萄种植面积始终维持在将近 1500 千亩的规模，表明德国的葡萄种植已经处于稳定的饱和状态。这很大程度上决定了德国葡萄酒的产量也是基本稳定的，每年基本维持在 90 万千升的水平上，并不会像中国那样表现出比较明显的增长趋势。产量的波动主要是由于不同年份的气候条件导致的。具体情况如图 11 所示。

其次，从德国葡萄酒的进出口情况来看，不论是从绝对额还是从德国葡萄酒进出口量占欧盟总进出口量比重的相对角度而言，德国葡萄酒的进口要远高于出口，表明德国对于其他国家葡萄酒的消费需求要远高于世界其他国家消费者对于德国葡萄酒的消费需求。但这一结果也可以解读为由于德国葡萄酒的产量在欧洲旧世界葡萄酒生产国中处于比较低的位置，它对世界其他市场的供给能力有限，德国有限的生产能力甚至不能很好地满足本国消费者对于葡萄酒的需求。这一有限的供给能力与德国所处的地理位置有关，相对于法国、意大利、西班牙这样的国家，德国的地理位置纬度偏高，其北部地区基本已经接近种植酿酒葡萄的极限气候。总体而言全国范围内适宜种植高品质酿酒葡萄的地区面积有限，这在很大程度上制约了德国的葡萄酒产量。当然，如果从葡萄酒品质来讲，尽管德国的产量低，但是部分地区种植的白葡萄品种却是世界顶级水准，酿出的白葡萄酒水平居世界前列。具体贸易情况详见图 12 和图 13。

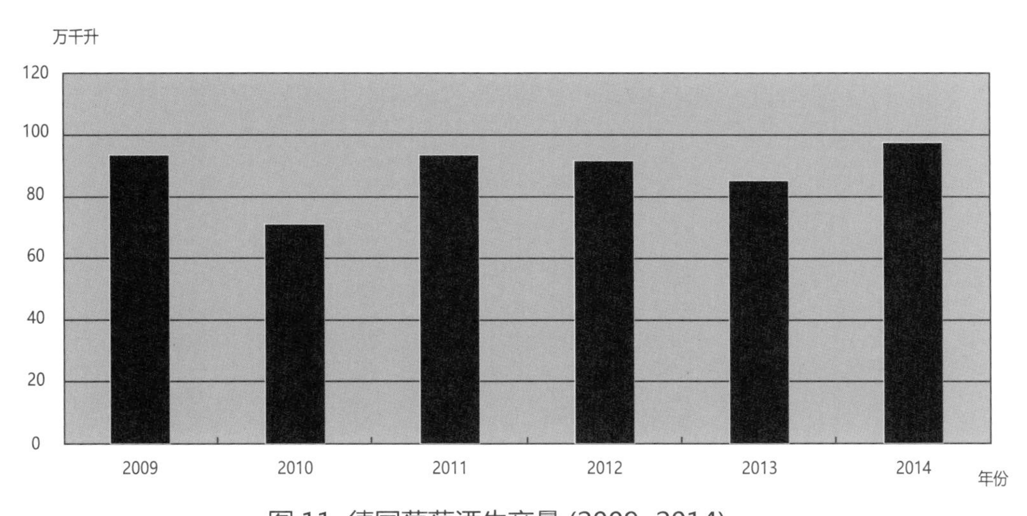

图 11 德国葡萄酒生产量 (2009~2014)

数据来源：联合国贸易数据库 http://comtrade.un.org

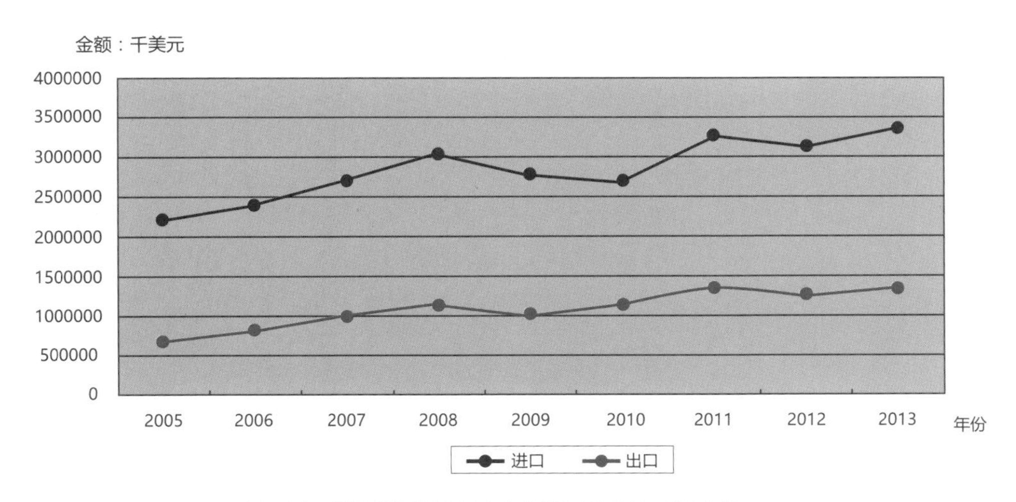

图 12 德国葡萄酒贸易金额 (2005~2013)

数据来源：联合国贸易数据库 http://comtrade.un.org

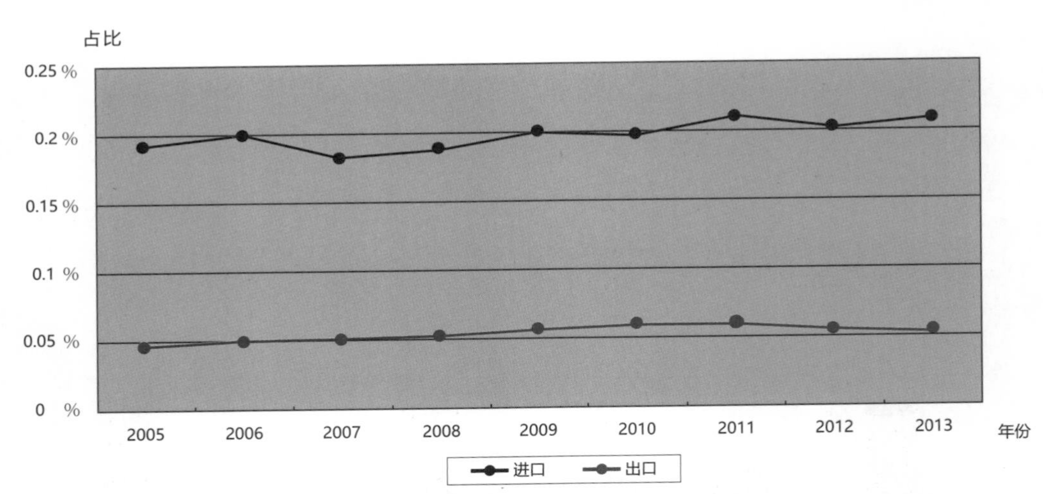

图 13 德国葡萄酒进出口金额占欧盟的比重 (2005~2013)

数据来源：联合国贸易数据库 http://comtrade.un.org

（四） 德国葡萄酒酒庄

伊慕酒庄

伊慕酒庄 (Weingut Egon Muller-Scharzhof) 位于德国摩泽尔产区，该酒庄的历史可从 6 世纪建成的圣玛丽修道院 (Sankt Maria von Trier) 说起。该院建在维庭根镇附近的一座名为沙兹堡 (Scharzhofberg) 的小山上。后来，法国军队占领了整个盛产美酒的莱茵河地区，教会与贵族所拥有的庞大葡萄园被充公、拍卖，1797 年慕勒 (Muller) 家族的高曾祖父趁机购得了此酒庄。此后，酒庄一直归慕勒家族所有，至今已是第五代。

伊慕酒庄拥有约 11.3 公顷的葡萄园。这片葡萄园土壤为板岩，一片片的板岩层层叠压，土

图 14 伊慕酒庄

图 15 普朗酒庄酒标

非常少，透水性好，在降雨量大时也可以迅速排水；又有保温释热，提高地温的特点。园里种植的葡萄树全部为雷司令，每公顷约5000~10000株。树龄大部分已经超过五六十年，不少是第二次世界大战前种植的。伊慕酒庄的葡萄园管理属于比较保守的方式，多次种耕，减少喷药，以修剪的方式控制产量。该酒庄所产雷司令葡萄酒享有“德国雷司令之王”美誉，而伊慕沙兹堡酒称得上是德国最好的雷司令酒，TBA（Trockenberenauslese，干果颗粒精选，简称TBA，是德国葡萄酒业的杰出代表）中的王者。

普朗酒庄

普朗酒庄(Weingut Joh. Jos. Prum)同样位于摩泽尔产区，该酒庄的创立者是普朗(Prum)家族。该家族和慕勒家族的祖先一样，在教会产业拍卖会上买下了一块园地，家族的所有成员便迁移到该园地。后来，普朗家族逐渐扩充园地，子孙也不断繁衍。1911年，在分配遗产时，家族的葡萄园被分为了7块。其中一块叫作“日晷(Sonnenuhr)”的园区被分配给了约翰·约瑟夫·普朗(Johann Josef Prum)，这一年他便自立门户，创立了普朗酒庄。不过酒庄声誉的建立多归功于其儿子塞巴斯蒂安·普朗(Sebastian Prum)。塞巴斯蒂安从18岁开始就在酒庄工作，而且在20世纪30年代和40年代的时候发展了普朗酒庄葡萄酒的独特风格。1969年，塞巴斯蒂安·普朗过世，他的儿子曼弗雷德·普朗博士(Dr. Manfred Prum)开始接管酒庄。如今，酒庄由他和弟弟沃尔夫·普朗(Wolfgang Prum)共同打理。

该酒庄的葡萄园占地43英亩(约17.4公顷)，这些葡萄园分布在4个地区，均位于土质为灰色泥盆纪(Devonian)板岩的斜坡上。园里全部种植雷司令，平均树龄为50年，种植密度为7500株/公顷。葡萄成熟后都是经过人工采收的。

普朗酒庄酿制的葡萄酒总是充满了精致的水果风味，而且口感超级强烈，酒精度非常低，酸度也相当清新。酒庄中有几款年份酒酿制时加入了大量的二氧化硫，不过长期下来，这好像保护了葡萄酒，使得它们惊人地长寿。在某些年份，他们还酿制出了一种超级优秀的精选葡萄酒，被酒庄指定为“金装酒”，因为使用的是金箔包装，所以很容易辨认。有几款精选葡萄酒的风格甚至更加丰富，这种酒被称为“长金装酒”，它们被世界上的收藏家们当作液态金子进行收藏。

罗伯特威尔酒庄

罗伯特威尔酒庄(Weingut Robert Weil)位于德国莱茵高，在德国可谓与伊慕酒庄和普朗酒庄三足鼎立。该酒庄的历史比较短，它由罗伯特•威尔(Robert Weil)博士创立于1875年。1868年，威尔博士买下了位于肯得里希的葡萄园，并于1875年将家搬到那里，之后便开始

图16 罗伯特威尔酒庄

酿制葡萄酒。在接下来的100年时间里，威尔家族到处扩张葡萄园，酒庄得到了蓬勃的发展。但1970年以后，由于国内市场的不景气，又加上当时的庄主由于身体原因，无力照料酒庄。1988年，威尔家族不得不将濒临破产的酒庄卖给了三得利(Suntory)集团，家族本身仅保留了少许股份。酒庄由三得利集团和家族第四代传人威尔海姆•威尔(Wilhelm Weil)共同打理。

该酒庄葡萄园占地65公顷，园里种植的葡萄品种为98%的雷司令和2%的黑皮诺，葡萄树的平均树龄为25年，种植密度为5000~6000株/公顷。酒庄非常严格地实施各项葡萄栽培技术，包括葡萄园里的剪枝、枝干打薄、去叶和刺激空气流通等。所有葡萄园都采用有机耕作方式，而且不使用任何除草剂。

该酒庄酿制的酒款很多，但最著名的要数非凡 – 肯得里希格拉芬贝格(Kiedrich Grafenberg)园出产的葡萄酒。该酒庄生产的葡萄酒以优雅、细腻和耐久藏而闻名，比较优秀的年份有2002年、2001年、1997年、1990年、1976年和1975年等。

蒙格克鲁格酒庄

蒙格克鲁格酒庄(Weingut Menger-Krug)位于莱茵高-露迪斯海姆(Rheingau Rudesheim)产区，是德国历史最为悠久的酒庄之一。酒庄拥有400多年的历史，在德国拥有Motzenbccker、Krug’scher以及Villa im Paradies三个葡萄种植区。家族历史上最为著名的人物是在1845年至

图17 蒙格克鲁格酒庄

1864年间担任德国科隆大教堂红衣大主教的Erzbischof Johannes von Geissel。蒙格克鲁格酒庄盛产高质量的白葡萄酒以及口感清新、气味优雅的起泡酒。旗下的高端酒品牌天墅王道的冰酒以及TBA口感甜而不腻、清新自然。目前的酒庄庄主雷吉娜(Regina Menger-Krug)女士更是被评为全球三大女性酒庄庄主之一。下一代接班人，雷吉娜女士的女儿玛莉亚(Maria Menger-Krug)正在跟随父亲从事酿酒师的工作，她用其创造性的思维和年轻人的追求为历史悠久的蒙格克鲁格品牌注入了更多的年轻活力，为迎合年轻消费者的消费能力与口味偏好，推出了更为年轻化的白葡萄酒产品。

该酒庄在葡萄种植与葡萄酒生产方面和著名的罗伯特威尔酒庄相似，全程采用天然有机的种植、耕作方式，不使用任何农药、杀虫剂以及化学肥料，利用自然的原理和物质的循环利用达到种植、生产活动与自然生态的和谐相处。蒙格克鲁格酒庄的葡萄酒是德国汉莎航空头等舱以及德国铁路商务舱的指定供应红酒。

（五） 德国葡萄酒在中国市场

德国葡萄酒有的清淡爽口，有的浓烈甘甜，口味繁复多样，与丰富多彩的中国菜肴非常匹配，所以德国葡萄酒在中国有着巨大的潜在消费市场。德国葡萄酒目前在中国的销量虽然处于次要地位，比不上法国、澳大利亚、美国等葡萄酒生产大国，但仍呈猛增趋势，进口量以每年40%左右的速度递增。中国的葡萄酒消费市场从改革开放之初流行的三精一水勾兑的甜葡萄酒，到现在社会上普遍把干红视为葡萄酒的高雅和正宗，说明葡萄酒文化在中国消费者中间已经取得了一定程度的普及，人们不再追求葡萄酒表面的“形”，而是开始追求葡萄酒的内在的“实”。但实际上，苦涩的干红不被中国大多数消费者所真正享受。目前，中国葡萄酒的普通消费市场还处在一个跟风及舆论导向阶段，饮者当中只有极少数是真正懂葡萄酒的行家，绝大多数恐怕还是从众心态行为。这也是干红在当今中国葡萄酒消费市场一枝独秀的重要原因之一。实际上，除了一些牛羊肉火锅及烤肉等中国美食适合搭配干红葡萄酒以外，最适合搭配素食为主、口味偏淡的中国菜肴的葡萄酒恐怕是各类甜、半甜及半干型酒。而德国的白葡萄酒在口味上偏甜，也没有红葡萄酒的酸涩味，在口味上更易于被中国消费者所接受。从这个角度而言，德国葡萄酒在中国具有相当大的市场潜力和机会。

（六） 德国葡萄酒产业政策与规范

德国不是葡萄酒的诞生地，也不是葡萄酒世界里的“超级大国”，但在过去几百年里，一直是葡萄酒世界里的中坚力量。德国和法国领土相邻，都处于北纬47度到52度之间，光照条件适合葡萄的生长，拥有得天独厚的地理位置和气候条件。优良的自然条件为高品质葡萄酒产生提供了绝佳的原材料。酿制葡萄酒的专业技术和对葡萄酒的“精耕细作”更是酿造高品质葡萄酒必不可少的重要条件。几百年来，随着人们对酿酒技术的钻研、发展和继承，德国的葡萄酒酿造技术日趋成熟，德国酒庄之间的密切交流与沟通，也促进了相互之间的技术和经验的分享，酿酒技术普遍提高。德国葡萄酒产业协会的成立为这样的交流提供了一个平台，定期举办相互之间的交流活动，同时促进了葡萄酒的推广和营销，使得德国葡萄酒的高品质形象更加深入人心。德国政府对葡萄酒产业也是大力支持，对酒农给予政策和资金上的支持，鼓励生产具有德国特色的优质葡萄酒。

德国葡萄酒组织或协会

在德国，葡萄酒协会在葡萄酒的发展过程中发挥了重要的历史作用，不仅建立了统一的行业规范，还促进了葡萄酒技术人员之间的相互交流。国家性的大型的葡萄酒组织和协会有两个：德国葡萄酒协会 (German Wine Institute) 和德国葡萄酒基金组织 (German Wine Fund)。

德国葡萄酒协会，成立于 1949 年，是德国的一个私营的葡萄酒市场组织，创办该组织的目的是为了提高德国葡萄酒的质量，同时通过全方位的市场营销与媒体活动，在德国本土和全球范围内对德国葡萄酒进行推广和销售，尽量扩大葡萄酒市场，并树立良好的品牌宣传。德国葡萄酒协会是德国葡萄酒产业的代表机构，其中商业运营部分需要接受德国葡萄酒基金组织监督。该组织目前拥有40多名工作人员。日常工作主要包括以下四个部分：

1. 宣传交流：负责国内外市场对德国葡萄酒的广告与媒体宣传，解答有关于德国葡萄酒的一切问题。

2. 开拓市场：利用市场营销的各种方法打入国内外市场，截至 2010 年，已经在 10 国拥有办事处，包括加拿大、丹麦、美国、英国、芬兰、比利时、芬兰、瑞士、瑞典、挪威。

3. 葡萄酒交易：与国外的公司进行葡萄酒进出口贸易，同时举办葡萄酒品尝训练班和研讨会。

4. 政府服务：负责监管德国葡萄酒基金委员会的资金使用状况，采购葡萄酒，保证内部葡萄酒的存储量。

德国葡萄酒基金组织伴随着 1961 年 8 月 29 日的“德国联邦葡萄酒法案”的宣布而成立。该组织对德国的葡萄酒产业进行资助，同时也受到德国联邦农业部和消费者保护协会的监督。德国葡萄酒基金的最高权力机构是一个由 44 人组成的管理委员会。成员来自不同的组织和部门，其中有酒农，也有其他葡萄酒组织的成员，还有消费者。

德国葡萄酒协会和德国葡萄酒基金组织的共同目的就是提高德国葡萄酒的品质，保障德国葡萄酒相关的法律健全，同时支持葡萄酒的科学研究，提高葡萄酒的生产技术。

政府政策

葡萄酒产业经济早已成为德国国民经济的一部分，德国政府也对葡萄酒产业非常重视，并大力扶持。1971 年，德国政府颁布了《葡萄酒法》，该法成了德国葡萄酒种植酿造的基本法，直到今天，其规定仍然具有约束性：其中关于葡萄酒产区、地理位置和大区位置的表述等主要部分今天仍然有效。其中关于葡萄酒的产品等级成为德国葡萄酒品质统一的标准，严格控制了葡萄酒的质量等级。

除了制定统一的法规之外，德国政府对葡萄酒产业的优惠政策和补助也非常多，鼓励酒农们生产优质的葡萄酒，同时鼓励将德国的葡萄酒推向世界。德国的葡萄酒政策分为三个层面，从欧盟层级到国家级，再到州一级。

1. 欧盟补助

欧盟作为种植葡萄的黄金地带，生产的葡萄酒的质量和产量均处于世界领先地位。欧盟为了提高葡萄酒的质量以及葡萄酒在世界范围内的销售，对酒农会给予很大的补助。从 2009 年起，欧盟开始实施了国家支持计划 (NSP, Nationals Stützungsprogramm)[1]，对欧盟成员国中种植葡萄的国家进行补助，对德国的补助额度从 2013 年的 3900 万欧元增加到 2015 年的 5000 万欧元。

2. 德国中央政府补助

德国中央政府得到欧盟给予德国葡萄酒产业的补助后，结合国内葡萄酒产业的特点，在全国范围内将补助主要用于以下三个方面：促进德国葡萄酒在第三国市场上的推广；促进葡萄酒产业结构的调整与葡萄园的转换；给种植葡萄的农户一定的作物保险，并对农户和酒商进行投资补助。

2015 年，在国家的补助计划中，德国政府将 5830 万欧元投资给各个州，帮助葡萄酒农进行第三国市场推广和了解本国市场的葡萄酒消费者的反馈相关信息，其中包括巴登 - 符腾堡州、拜仁、黑森林、萨克森、萨克森 - 安哈尔特州、图林根州。

(1) 德国政府每年拨出 100 万欧元的资金鼓励企业进行以下活动：在第三国市场进行调查，开发新的销售渠道; 研究推出新的葡萄酒; 有关国家葡萄酒的形象宣传、质量宣传、食品质量宣传、环境保护等；参加各种展览会并进行宣传等。

(2) 了解本国市场信息。德国政府通过不同的渠道获得国内葡萄酒消费者的信息，如通过展销会的宣传活动和消费者进行直接接触获取信息、从消费者对葡萄酒的消费反馈，以及关于葡萄酒的市场言论信息的数量。

3. 州政府补助

每个州政府在国家资助的基础上也会出台一些鼓励性措施。州政府的鼓励措施一般针对国内酒农和生产酒商，比如在葡萄园的重组和现代化种植和酿制的转化上给予补助，转化类型不同补助也有所不同。以莱茵兰 - 普法尔茨为例：(1) 建立一个现代化、完善的耕种葡萄的系统，每公顷补助 9000 欧元。(2) 建立一个完善的管理系统，适应陡坡现代线框系统，补助每公顷 19000 欧元。(3) 建立一个现代化厂房葡萄园，每公顷补助 21000 欧元。

靠着政策的大力支持、成熟的行业规范和长期的业界交流，德国葡萄酒业正以良好的姿态进入新的征程，继续为德国乃至全世界提供精美的葡萄酒。

---

1 http://www.bmel.de/DE/Landwirtschaft/Pflanzenbau/Weinbau/_Texte/StuetzungsprogrammWeinsek-
-tor.html

第四章 中德葡萄酒生产及运营

一、葡萄酒生产基本流程

一瓶优质葡萄酒的制作需要花费酿酒师很多的心血和精力。从葡萄的种植、采摘到压榨、发酵再到葡萄酒的储藏熟成、装瓶，直至运到市场出售，酿酒师无时无刻不在关注着葡萄酒的发展。葡萄酒的酿制是一门技术，更是一门艺术，一瓶极品葡萄酒的酿成需要天时地利人和。

（一） 葡萄的成熟和采收

在葡萄酒行业，流行着一句俗语“七分原料，三分酿造”，优质的葡萄原料是酿制上佳葡萄酒的基础。葡萄种植时，对葡萄量产(控制葡萄的产量)是酒农控制葡萄品质的一个重要手段。在葡萄生长时期，为了防止相互竞争，争夺养料，保证葡萄充分吸收养分，提高葡萄质量，酒农通常将葡萄的亩产量控制在750~1500公斤。为了获得营养更加丰富的酒庄酒葡萄，对葡萄的亩产限制更严格，葡萄控产一般在500公斤左右。葡萄从无到有、从小到大、从青涩到成熟的过程中，酿酒师会经常观察葡萄的生长状态，针对葡萄各方面的指标及时安排后面的培育操作。

一个成功的酿酒师必须能够选择合适的葡萄采摘时间。采摘时葡萄自身的成熟度是在最佳状态。采摘过早，则美中不足，葡萄的糖分不足，酸度过高，酿造出的葡萄酒便会变得酸涩；采摘过晚，月满则亏，葡萄则过于成熟，糖分过多，缺乏酸度，酿造出的葡萄酒就会变得口感厚重、甜腻。因此在葡萄成熟季节里挑选合适的采摘时间点成了能够酿造出优质葡萄酒的关键。葡萄采摘季节一般在夏末秋初之际，这个时节反复无常的天气使得采摘时机的把控变得更加复杂，强降雨会导致葡萄腐烂，酷暑天气则使葡萄干瘪，使得葡萄的质量大打折扣。因此，除了考虑葡萄的成熟度，采摘期间天气情况也是需要考虑的重要因素之一，酿酒师需要在葡萄的成熟度和天气之间做出权衡。通常情况下，葡萄采摘的最佳时机是在葡萄的成熟度达到最高时，然而一场暴雨会给即将收获的葡萄粒灌满水分，葡萄的酸甜度和口感会大打折扣。葡萄在收获前的几天至一周时间里，酿酒师总是战战兢兢，要时刻监视天气情况和葡萄状况，随时准备抢收葡萄。

葡萄的成熟度是确定酿酒葡萄采收期的重要依据，这会直接影响到葡萄酒的品质好坏。葡萄的成熟度是个综合指标，需要从多方面去衡量，包括葡萄的糖度、酸度和其他一系列的指标。多种指标的综合测量帮助酿酒师更好地掌握葡萄成熟度的状态。开展葡萄果实成熟度追踪、测量和控制是一项非常重要且复杂的工作，需要酿酒师长期对园内的葡萄认真观察和记录。一般

图 1 采摘工人在葡萄园进行采收

来说，酿酒师首先会对葡萄园里葡萄的生长状况进行大致的了解，然后观察葡萄的外观，了解葡萄浆果干枯程度、浆果颜色、种子颜色、果穗紧密程度、果穗颜色一致性、果粒大小一致性等；进而揉碎葡萄观察葡萄皮、果肉、葡萄籽等的变化；品尝葡萄、感受葡萄糖酸和风味的变化，甚至要咀嚼葡萄籽，了解葡萄籽中酚类物质的成熟状况；还要结合分析指标如糖度、总酸度、可溶性固形物、pH 值、颜色、百粒重、果粒大小等指标的变化曲线。综合以上各种指标，酿酒师权衡后确定葡萄的最佳采收期。

葡萄最佳采收期的确定只是针对普通种类的葡萄酒。葡萄酒中的贵族当属贵腐酒。作为甜葡萄酒中的精品，贵腐酒对葡萄的生长过程要求则更高。采收程度极高的迟收葡萄则是酿造甜葡萄酒的专属，上好的甜葡萄酒就是用被贵腐菌侵染的葡萄酿制而成的。贵腐菌以奇妙的方式与葡萄浆果结合，使其干缩，从而聚集糖分和香气，形成极其少见的贵腐葡萄。霉菌侵染葡萄的过程缓慢，因此对贵腐葡萄的采收需要持续数月之久，通常从 9 月末开始持续到 11 月末。由于贵腐葡萄的稀少和容易损坏的特性，贵腐葡萄的采摘也显得更加细致。贵腐葡萄的采摘也充分体现了她“贵妇”的气质。同一个葡萄串上的葡萄达到适合的成熟度的时间不一致，而且同一串葡萄有可能一部分是贵腐葡萄，一部分是霉变葡萄，采收时需要经过细致的分拣，挑选合适的贵腐葡萄。因此，贵腐葡萄的采摘工作通常交给有经验的葡萄采摘工人。

除此之外，冰酒也是极其稀少和珍贵，因

图 2 贵腐菌感染后的葡萄

为酿造冰酒的冰葡萄必须经历严寒的生长环境。当气温低于零下 7℃时，葡萄会自然结冰，葡萄粒的表面则会形成一层冰霜，内部的葡萄汁被冻成冰渣。这种极寒条件下生长的冰葡萄比迟收的贵腐葡萄凝聚了更多的糖分，而且几乎不含任何的水分，限制了冰葡萄酒的产量。极端的寒冷天气条件是生长冰葡萄的必备条件，也因此造就了冰葡萄酒的稀缺。在全世界，目前只有德国、奥地利、中国的东北地区和加拿大安大略湖地区等几个拥有极致寒冷天气的地方才能生长出这样的冰葡萄。

（二） 葡萄酒生产流程

葡萄酒专卖店或者超市酒类专卖区，各式各样的葡萄酒呈现在面前，种类繁多，令人目不暇接。有红葡萄酒、白葡萄酒、桃红葡萄酒等，还有不同品牌的，拉菲、拉图、张裕，等等。根据葡萄酒的特性，不同种类的葡萄酒对葡萄加工的工艺流程也存在些许差异。然而各种葡萄酒的酿造工艺中仍然存在一些共同的生产流程，包括原料的采收、破碎、除梗、浸渍、发酵、压榨等。

原料的接收

在葡萄成熟季节，葡萄采摘后，为保证新鲜，会立刻送至最近的生产加工工厂进行加工。葡萄加工工厂对葡萄原料进行接收，葡萄原料的接收意味着葡萄从“农业阶段”转入“工业阶段”。

由于运送到加工工厂的葡萄产量大，质量参差不齐，需要对葡萄进行过磅、质量检验、分级等操作，对葡萄原料进行质量分类是酿造葡萄酒的第一步，明确了后期葡萄酒酿造过程的细致程度。

破碎和除梗

葡萄的分级工作完成以后，分拣工作随即进行，葡萄通常被放置在传送带上，然后由人工进行分拣，将一些生、青、病、烂的葡萄剔除掉。传送带的另一头就是破碎除梗机，对葡萄进行除梗和破碎，使葡萄汁液流出来，葡萄果皮、果肉和果核都将浸在葡萄汁液中。为保证葡萄在破碎中不受机械损害，很多破碎除梗机的内部都是橡胶制品，只需对葡萄进行轻微的压力就可使其破裂，并保持葡萄的自然状态。

浸渍和发酵

葡萄破碎完成后将破碎的葡萄浆液混合物运送至发酵罐中浸泡，同时加入酵母菌进行发酵。葡萄浆液的浸渍和发酵过程是葡萄浆液转化成酒精溶液的过程，是葡萄的酿造工艺的主要环节。此环节重点在于提取葡萄固体部分中的物质，特别是葡萄果皮中的色素和单宁等物质会通过浸渍进入到葡萄汁液中。为了使得酵母菌能够更好地工作，需要设置更加"舒适"的发酵环境。发酵温度是影响酵母菌活性的最重要的指标，因此对温度的控制在整个发酵过程中显得尤为重要。通常情况下，酿酒师需要每天早、中、晚各检测一次葡萄酒的温度和比重，并做好记录，并保持罐内发酵环境恒温。发酵的过程中，葡萄的果皮、果肉和果核上浮到葡萄汁表面，形成坚固的"酒帽"(又称葡萄渣)。为了使葡萄汁能够充分地萃取"酒帽"的香气、颜色和单宁，通常用压帽的方式打破"酒帽"，让它沉入葡萄果浆中，或者进行倒罐，用泵将发酵罐底部的葡萄汁抽上去，淋洒在"酒帽"上面。酒精发酵过程中，由于 CO_2 的释放，会形成泡沫，引起溢罐，造成葡萄酒的浪费，为了防止类似的情况发生，在葡萄浆液入罐时，只能利用发酵罐 75% 的容量。同时，酿酒师应当严格控制好发酵所需的各项条件，防止酵母菌受到外界影响后引起发酵中止。一旦发酵中止，为保证发酵过程完整，可进行再次发酵，即使是最好的再发酵，也会严重影响葡萄酒的质量。

图 3 葡萄浆液浸渍和发酵

经过 2~3 周的浸泡和发酵，酒精发酵工作基本完成。如果不需要进行苹果酸乳酸发酵，酿酒师通常会对葡萄酒进行 SO_2 处理，防止葡萄酒接触空气发生氧化，防氧化是葡萄酒存储过程中的重要工作，氧化容易破坏葡萄酒的口感。葡萄浆液浸渍发酵时间因酒种类的不同也有差别，干红 5~7 天，干白 15~20 天。

压榨和分离

酿酒师将葡萄浆液和皮渣分离，可以自然流出的葡萄汁酿成的酒称作“自流酒”，是最好的葡萄酒。自流酒是发酵后的浆液经过自然流出的汁液，其余剩下一部分的浆液留在葡萄的酒渣中，通常对葡萄酒渣进行压榨形成压榨酒。为了获得质量更好的“压榨酒”，压榨需要分次进行。与“自流酒”相比，压榨酒含有更多来自果皮和果核的单宁和色素。葡萄酒的压榨是将葡萄皮渣通过机械压力压出来，使得皮渣部分变干，在压榨中，轻压汁质量相对较好，酒体厚实，单宁丰富，可视质量情况在调配阶段使用，而重压过程则会压出葡萄皮渣和葡萄籽中的一些苦涩单宁等物质，造成压榨酒口味较浓厚、发涩、酒体粗糙，不适合与其他的葡萄酒进行混合。发酵产生的“自流酒”和“压榨酒”根据酿酒师的要求进行分开存放至干净的酒罐中，并做好记录。

苹果酸——乳酸发酵

刚刚发酵完成的葡萄原酒通常口味酸涩，对口腔有很大的刺激感，这类原酒不适宜饮用。苹果酸——乳酸发酵则能通过乳酸菌的作用改变葡萄酒中的风味物质，影响葡萄酒的香气和口感，使得葡萄酒变得口感柔和，不会对口腔产生很大的刺激，同时能够使酒体产生鲜奶、巧克力、青草等香味，给葡萄酒增加更多的独特感。通常情况下，酒精发酵完成的葡萄酒在

图 4 压榨罐

酒罐储存的几周或几个月之内，苹果酸——乳酸发酵会自动触发进行。但在酿制过程中，酿酒师可根据自己的经验提前触发葡萄酒中的苹果酸——乳酸发酵。如果要使葡萄酒中的苹果酸——乳酸发酵顺利的触发和进行，除其他的发酵必备条件外，还需要有大量的乳酸菌群体，要对葡萄酒接种乳酸菌。最常用的苹果酸——乳酸发酵的触发形式就是"串罐"，即用正在进行苹果酸——乳酸发酵的葡萄酒加到需要发酵的葡萄酒中。苹果酸——乳酸发酵结束后，酒内的活乳酸菌仍旧在酒中，但这些乳酸菌的活动会造成酒内其他成分的变化，因此在整个苹果酸——乳酸发酵结束后需立即加入 SO_2 用以杀死乳酸菌，终止发酵。

葡萄酒的陈酿和熟成

葡萄酒是时间的产物，适当的储存时间会使葡萄酒的口感变得柔和、细腻，使其变得更加的有韵味，历久弥香。葡萄酒的储存和陈酿是葡萄酒成熟的最重要的阶段，通常葡萄酒需要在储存罐和橡木桶中储存数周到几年甚至数十年的时间。在这段陈酿时间中，葡萄酒的香气和结构会发生变化，使酒更加的成熟。在适宜的储存环境下，葡萄酒在储存过程中都会经历成熟和衰老两个阶段：开始，随着储藏时间的延长，葡萄酒的饮用质量不断提高，一直到达最佳饮用质量，这被称为葡萄酒的成熟过程；此后，葡萄酒的饮用质量随着储藏时间的延长而逐渐降低，这就是葡萄酒的衰老过程。在葡萄酒的储藏、陈酿过程中，空气中的氧会通过多种途径溶解到葡萄酒中，通过橡木桶壁，通过分离、换桶、装瓶等过程都可以进入葡萄酒中。这种葡萄酒的微氧化是葡萄酒的成熟的催化剂，会慢慢给葡萄酒带来成熟。由于不同的葡萄所酿成葡萄酒里面的酸和单宁等物质的量不同，所产葡萄酒的风格亦会不同，因此酒的储藏时间不是统一的。往往含酸量高、单宁丰富的葡萄酒更加需要时间和氧气的微氧化，才能散发出佳酿的魔力。酿酒师需要在葡萄酒储藏期间定期对储藏的酒进行品尝，通过对葡萄酒颜色、香味、口味的把握来决定是否需要继续陈酿或者装瓶。像抚养孩子一样，酿酒师倾尽自己全部的精力去呵护葡萄酒的发展和成熟。

葡萄酒的发酵过程通常是在酒罐中或者是橡木桶中进行，在橡木桶储存过程中，橡木桶本身也会对葡萄酒产生细微的影响，即橡木桶的香味会慢慢渗透到酒里，给葡萄酒带来不一样的香气和风味。

橡木桶

葡萄酒在橡木桶中发酵时，能与橡木进行充分的"交流"，特别是新橡木桶。根据橡木桶的木质和烘烤程度的不同，橡木桶能够使葡萄酒拥有各种不同的香气，如熏烤香、香草香等。同时，橡木桶的材质不同会使空气通过橡木渗透进桶的程度不同，造成葡萄酒微氧化程度不同，葡萄酒在这种微氧化过程中会变得更有特点，风味更加独特，葡萄酒也会在这过程中被蒸发掉。这一气体交换的过程使酒体发

图 5 橡木桶

生变化，使单宁更加柔和。但是，橡木桶储存的方式仅适合口感强劲的葡萄酒。不同年龄和烘烤程度的橡木桶对葡萄酒品质的影响也不一样，酿酒师会根据葡萄原酒的特点选用合适的橡木桶对其进行熟成。

倒罐

在陈酿期间，酿酒师需要经常品尝储存罐和橡木桶里的酒，来了解储存罐中酒的风味变化。通常葡萄原酒中的酸更多，所含的单宁更多，酒的陈酿时间就越长。由于葡萄酒中的物质在陈年累月的沉淀之后，酒中的物质一般会沉淀在橡木桶底或储藏罐底，因此，通常每隔半年酿酒师就会对陈酿葡萄酒进行一次换桶，从而达到去除罐底沉淀的作用，以此保证酒的澄清。

调配

对于大多数的葡萄酒来说，陈酿时间在两到三年之后，酒的风味和香气就趋于稳定了。但是同一批生产出的葡萄原浆在不同的橡木桶或酒罐中的酒在储存过程中产生细微的差别。为了获得口味更加优美的葡萄酒，或者使生产后得到的某一品牌的葡萄酒口味趋于一致，需要对这些陈酿后有细微差别的葡萄酒进行混合调配。

调配葡萄酒对酿酒师来说，这是一个极具挑战、考验能力和经验的过程。通常酿酒师根据自己对橡木桶中酒口味的把握和对葡萄酒混合的经验，把几种葡萄酒进行混合实验。混合实验是小范围的调配实验，确保调配出的葡萄酒符合标准。从不同的橡木桶中抽取少量原酒先进行混合，品尝混合酒的口味，同时送到实验室测量各种指标，以此来确定各种酒的混合配比。实验确定配比后，会根据配比将不同橡木桶中的酒通过压力水泵压到较大的混合罐进行调配混合。接着这些配成酒会在罐中自然融合 3~6 个月的时间，以便让各种酒的风味、物质相互融合，最终达到一个稳定的口味和状态。

灌装和贴标

葡萄酒之间的融合完成之后，要进行下胶和冷冻处理，保证葡萄酒蛋白、酒石和色素等物质的稳定。这样葡萄酒就基本成型，并达到装瓶要求。瓶装葡萄酒随着装瓶时间的延长，特别是瓶装的红葡萄酒，装瓶 2~3 年以后，普遍会出现浑浊或沉淀现象。虽然瓶装葡萄酒的沉淀现象不可避免，对葡萄酒的酒体口味并没

图 6 葡萄酒调配

图 7 灌装线

有太大影响，但是这会影响销售，因此在葡萄酒装瓶前需要进行一系列的澄清和稳定性的处理工艺。

装瓶前需要对葡萄酒进行一系列的理化和微生物检验，确保装瓶的葡萄酒的质量是符合标准的。灌装之前的准备工作也很重要，比如酒瓶的选择、瓶子的清洗、设备的检验等一系列的生产卫生条件的检查工作，都是为了保证在灌装的过程中，能够保持良好的环境不被污染，从而保证葡萄酒的口味和质量。葡萄酒在灌装线上经过验瓶、洗瓶、装酒、压塞、缩帽、打码、贴标等步骤，装瓶后的葡萄酒会重新运送到酒窖中进行瓶贮，等到出售时直接从酒窖运出。

红白葡萄酒生产流程的区别

红葡萄酒与白葡萄酒的生产工艺的主要区别在于白葡萄酒是用葡萄汁发酵的，而红葡萄酒则是用皮渣和葡萄汁混合发酵的。在红葡萄酒的发酵过程中，酒精发酵作用和对葡萄果肉、

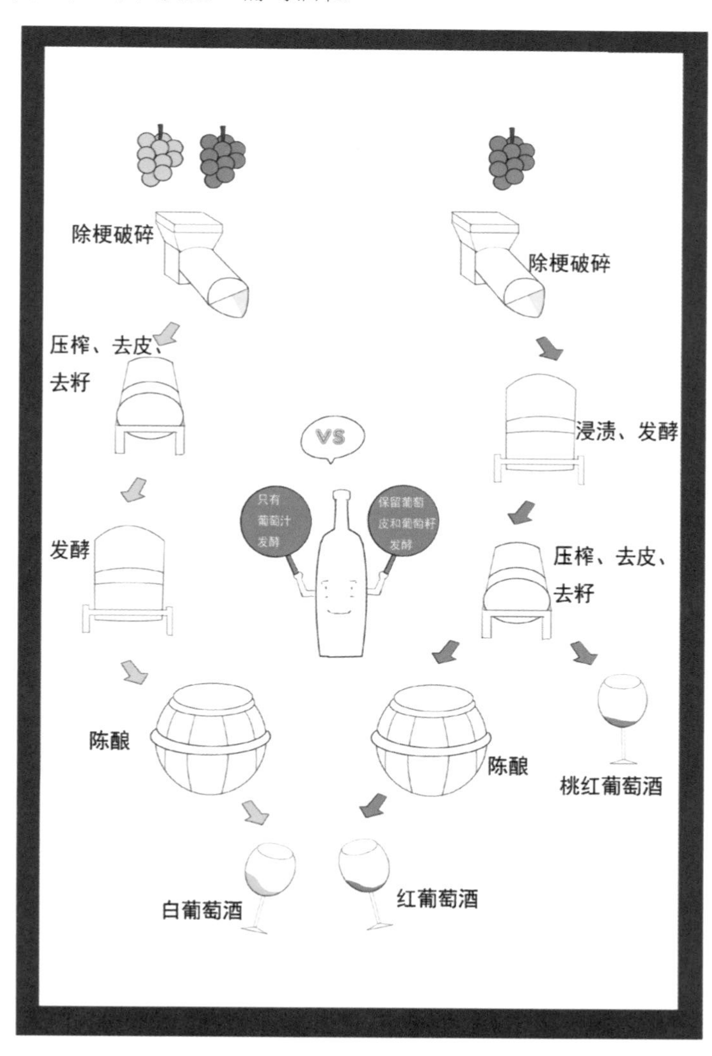

图 8 红、白葡萄酒生产流程

果核等物质的浸渍作用是同时存在的，前者将糖转化为酒精，后者将固体中的单宁、色素等酚类物质溶解在葡萄酒中。因此，红葡萄酒的颜色、气味、口感等与酚类物质密切相关。

由于影响红葡萄酒颜色的色素源于皮渣，这就使得红葡萄酒的皮渣压榨是在酒的浸渍发酵后，在葡萄的色素进入葡萄酒之后完成的。桃红葡萄酒的压榨过程也是在发酵后完成，不过与红葡萄酒比起来，浸渍时间相对较短。白葡萄的压榨过程则是在发酵之前完成。图 8 较为形象地展示出了红白葡萄酒的生产工艺流程。

（三） 起泡酒生产流程

起泡葡萄酒富含 CO_2，具有起泡特性和清凉感，是一种适合于各种大型宴会场合的酒种，近年来越来越受到各国消费者的喜爱。庆典上用的香槟酒就是一种最为典型的起泡酒。这种酒的酿制标准也很严格，例如法国的法律规定，只有在法国的香槟区，选用指定的葡萄品种，根据指定的生产方法流程所酿造的起泡酒，才可以标注为香槟。为了使起泡葡萄酒中富含 CO_2，酿酒师在酿制葡萄酒的过程中一般会在葡萄酒中加入足够量的糖浆，接着进行二次发酵，产生足够的 CO_2 气体，溶解于酒中。

对葡萄品种和成熟度的要求

葡萄品种是影响起泡葡萄酒质量的关键因素。目前世界上生产起泡酒的优良品种有黑皮诺、霞多丽、白山坡 (Pinot Meunier)、白皮诺 (Pinot Blanc)、灰皮诺 (Pinot Gris) 和雷司令等。

由于起泡酒的独特口味，同时为保证起泡酒的质量，用于酿造起泡酒的葡萄原料的含糖量不能过高，含酸量应该相对较高，生产出的起泡葡萄酒才能更加清爽，也使得起泡酒在存储过程中更加稳定。

气泡酒的生产过程

起泡葡萄酒的酿造分为两个阶段，第一阶段是葡萄原酒的酿造；第二阶段是葡萄原酒在密闭容器中再次酒精发酵，以产生所需要的 CO_2 气体，俗称为“二次发酵”。

1. 第一阶段

第一阶段的葡萄原酒的酿造流程类似于白葡萄酒生产流程。在对葡萄进行挑选、破碎和除梗之后，接着对葡萄进行压榨。起泡酒的压榨过程对酒的质量影响很大，为了提高起泡酒的质量，在压榨过程中，酿酒师必须保证较低的出汁率，不能超过三分之二；葡萄的压榨要保证分次压榨，且只取自流汁和一次压榨汁酿造原酒。压榨后就开始对葡萄汁进行酒精发酵，此时可对葡萄汁液采取一些相关处理来提高葡萄汁的质量，例如 SO_2 处理，澄清、加糖、酸度和颜色的调整等。对葡萄汁的发酵会产生很大的热量，为防止温度升高对葡萄汁发酵产生影响，则需要控制发酵罐内部的温度，一般在 15℃～18℃。酿成后的葡萄酒会在酒精发酵结束后马上进行转罐，将葡萄酒和酒脚分开，并在保温罐中进行低温储藏，以防止再发酵。在储存过程中，隔一段时间进行转罐去除杂质，葡萄原酒在进行第二次发酵之前，有时需要储藏几个月。

2. 第二阶段

通常情况下，在第二阶段对葡萄酒进行处理之前，酿酒师会对这些葡萄酒进行勾兑，以使酿制好的起泡酒具有最佳质量，接着在勾兑好的葡萄酒中加入糖浆保证能够产生足够的 CO_2 气泡。在勾兑和加糖时，应保证葡萄酒的酸度符合标准，使起泡葡萄酒具有清爽感。

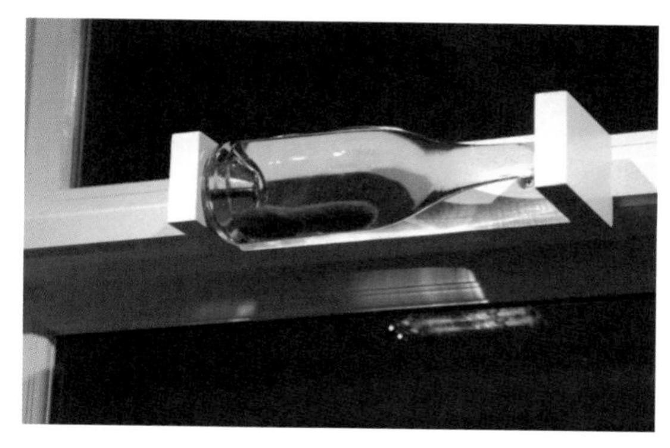

图 9 二次发酵

起泡酒的二次发酵通常都是在瓶内发酵。葡萄原酒在过滤之后进行装瓶，在瓶中加入酵母，用皇冠盖对瓶口进行封盖。瓶装后的葡萄酒放置在横木条上进行瓶内发酵，此时控制好发酵的温度就好。发酵结束后，将酒储存一年以上，以利于葡萄酒的成熟。葡萄酒成熟后，将储藏后的葡萄酒倒置，并隔一段时间转动酒瓶进行摇动处理，逐渐使瓶内的沉淀物集中到瓶口。在去塞时，先将瓶颈倒放于－ 20℃～－ 12℃的冰水中，将瓶口的酵母菌沉淀冻结于瓶盖上，去塞的同时将沉淀物去除。

葡萄酒中沉淀物去除之后，需要添加相同的酒来保证瓶内起泡酒的量。添酒后，再次进行打塞、贴标之后，就可以将该瓶起泡酒放到市场上进行销售了。

（四） 葡萄酒生产环境

酵母菌

酵母菌是葡萄或葡萄汁转化成葡萄酒的关键因素。酵母菌的好坏直接影响到葡萄酒的质量和口味。葡萄酒发酵的酵母菌通常附着于葡萄的表面，葡萄皮表面那一层白色的物质中就有酵母菌。但是这些酿酒酵母很难从葡萄浆果表面分离。现在葡萄酒的发酵酵母通常是从市场上购得，即人工酵母。也有一些酒庄为了追求原生态的葡萄酒酿制，通常获取葡萄表面少量的酵母，然后自己进行培养，生成原生态的酵母，这样生成的酵母对葡萄的发酵更加适合，发酵出的葡萄酒的质量更高。

温度

在葡萄酒的酿制过程中，温度的控制是酿出高质量葡萄酒的关键。葡萄酒发酵过程中释放大量的热量，使葡萄酒的温度提高，温度升高大大提高酶的活性，葡萄酒的发酵速度便会提高。但是发酵酵母又是一种很脆弱的细菌，当温度升高到一定值时，酵母菌不再繁殖，反而会相继死亡，这时，发酵速度会大大降低，甚至引起发酵停止。在控制和调节发酵温度时，应尽量避免温度进入危险区，而不能等温度进入危险区以后才开始降温，因为这时酵母菌的活动能力和繁殖能力已经下降。

pH 值

乳酸菌在中性或微酸性条件下，发酵力能最强。但是当葡萄酒的 pH 值很低时，乳酸菌很难繁殖，并且乳酸菌继续活动会生成挥发性酸或停止活动。强酸条件不利于酵母菌的活动，也抑制了其他微生物的繁殖。控制合理的 pH 值对发酵的完成也很重要。

SO_2

SO_2 在葡萄酒的发酵过程中发挥着很大的作用，不仅能够对微生物进行选择，同时还有澄清、抗氧化、增酸、溶解等作用。

SO_2 是一种杀菌剂，它能够控制各种发酵微生物的活动，当浓度够高时，能够杀死各种微生物。SO_2 还能够抑制氧化酶的作用，从而防止葡萄原料的氧化，当葡萄酒发酵完成之后，为了防止葡萄酒被氧化，葡萄酒需要在充满 SO_2 的条件下进行转罐、装瓶等操作。SO_2 溶解在基质中可以提高基质的酸度。当 SO_2 的浓度较高的情况下，对浸渍有促进作用，提高色素和酚类物质的溶解量。但在正常使用的浓度下，SO_2 的这一作用并不明显。

二、中德葡萄酒酿酒模式

葡萄酒的发展有几千年的历史，葡萄酒的酿造技术也经历了千年发展和沉淀，精益求精，酿造出了越来越多的优质葡萄酒。葡萄酒的酿制从无到有、从小到大、从苦涩到爽朗可口，葡萄酒的酿制过程显示出了不同的特点，生产出的葡萄酒也不同，体现出了两种不同的生产理念。一种理念是小规模、“过分”追求质量的葡萄酒庄园生产模式，另外一种是大规模、追求葡萄酒产量的葡萄酒厂生产模式。

葡萄酒庄园模式最初起源于法国，指的是一个独立的葡萄酒生产单位，从葡萄种植、栽培和采摘，葡萄酒酿造、贮存、灌装等，全部在自成一体的葡萄园基地完成。酒庄酿造追求的是葡萄酒的高质量，追求的葡萄酒的个性化和高贵的品位，把葡萄酒打造成独一无二的艺术品，世界上最优质的葡萄酒基本上都来自酒庄。由于酒庄对葡萄酒的要求比较高，通常规模比较小，每年生产出的葡萄酒数量较少，再加上品质上乘，因此比较名贵。这种生产模式在葡萄酒旧世界国家比较常见，像法国、德国、意大利等国家。

葡萄酒大规模生产是一种不同于酒庄酒的生产模式。这种模式指的是在保证葡萄酒在一个固定的质量标准之上，通过机械化的大规模生产，生产出更多的葡萄酒以满足市场的需求。这种生产模式不要求葡萄的种植、生产、包装等过程都在葡萄园基地完成。由于生产规模大，葡萄原料的需求也较大，因此葡萄原料通常是从酒厂周围的农民手中收购而来。这样的收购模式在工业化生产革命之后，逐渐开始兴起，这种生产模式在智利、中国等葡萄酒新世界国家比较常见。

德国葡萄酒生产和中国的葡萄酒生产是上述两种生产模式的典型代表。下面通过对德国和中国主要葡萄酒生产模式来介绍酒庄生产和大规模生产这两种不同的模式，了解两种葡萄酒生产模式不同的生产理念。

（一） 德国葡萄酒庄园模式

德国是世界上农业最发达的国家之一，德国葡萄酒是全世界著名葡萄酒之一。得益于德国得天独厚的地理位置和气候条件，德国的葡萄酒产业几百年前就得到了很好的发展。在德国著名的十三个葡萄酒产区内，共拥有 8 万家左右的葡萄酒庄园，10 多万公顷的葡萄园种植面积，出产 9 亿多公升的葡萄酒产量。

精雕细作式的庄园生产

德国的葡萄酒庄，分布在莱茵高、莱茵黑森、黑森林道等十三个葡萄产区，面积都不大，但是从葡萄种植到葡萄酒的酿造直至销售，这一系列工作都在酒庄中完成，而且重要的工艺、细节，都要求用手工来完成，每个酒庄的酿酒工艺都有一些细微的差别，手艺都是代代相传，走的是“精雕细作”的小农作业模式。德国葡萄酒庄对葡萄酒风格和质量的控制非常认真、严格、细致，讲究葡萄的种植、管理、酿造和销售一条龙作业，把葡萄酒的质量控制前移到种植的每个环节，实行产前、产中、产后全程控制。从每一个环节上来保证酒的品质，同时在葡萄酒的风格调配上最大可能地体现自己的特点，由于葡萄园小气候的差别，因此酒庄会根据所产葡萄的特点来调配葡萄酒。由于每个庄园的规模都不大，精工细作是这些葡萄酒庄坚持的理念和工作态度。以莱茵黑森地区为例，该地区共有 26000 多公顷葡萄园，却拥有 1.2 万家酒厂，平均每家葡萄园面积才 2.17 公顷。

精益求精的品质追求

在德国葡萄酒历史中，天然、无污染、纯手工、追求原生态的理念一直被葡萄酒酿造者所遵循着。与机械化相比，德国葡萄酒庄园的生产保证了每一粒葡萄的品质和新鲜度，使酒质更出色。

1. 严格选择适宜的土壤条件和品种

德国人认为，适宜葡萄种植区的气候条件是大自然赋予的，但土壤和葡萄品种是可以选择的。所以各种植区在种植葡萄的品种选择上因地制宜，只选择适应本种植区条件和土壤的特色品种。生长出来的葡萄充分体现了该土壤的特色，也保证了该葡萄品种的质量。

2. 严格限定葡萄的产量

限产是德国优质葡萄生产管理技术的核心。限产保证了葡萄果树上葡萄能够充分获得果树提供的营养，保证每颗葡萄的糖分充足。在德国生产什么等级的酒、选用什么品种、种在什么地方、单位面积产量和栽培技术等都以法规形式明确规定。酒的等级越高，规定的葡萄单产越低，以此保证葡萄质量。一切栽培技术都围绕限定的产量和酿造优质葡萄酒的指标而制定。

3. 高标准的种苗质量

在德国，葡萄树的苗木在种植之前都需要经过严格检查，从一开始就保证葡萄果树树苗的质量。德国葡萄技术研究部门会针对不同品种、土壤条件，研究筛选出砧木与品种组合，以此帮助酒农挑选更加适合的葡萄品种。并对建园苗木出圃有严格的标准，葡萄庄园种植葡萄只有达到种苗管理部门的标准和要求，才能签发种苗许可证，才允许出圃。政府以立法的形式从葡萄种植的源头上控制葡萄酒的质量。

差异化的产品定位

在德国，经过几百年的完善，形成了较为完整的葡萄酒分级体系，并且以法规的形式确定下来。根据葡萄采摘时的成熟度来划分等级。目前，德国葡萄酒共分为四个等级：日常餐酒(Tafelwein)、地区餐酒(Landwein)、优质餐酒(Qualititatswein bestimmter Anbaugebiete，简称QbA)以及高级优质餐酒(Pradikatswein)。工业化生产的葡萄酒是工艺流程的产物，一般作为普餐酒，满足一般大众的需求。产地酒是更具特色的酒质，每一粒葡萄的品质和新鲜度都有保证，并在天然、无污染、纯手工条件下生产的葡萄酒，主要满足高端客户的需求。

传承文化，提升品牌

德国葡萄酒的历史一直可以追溯到公元前100年，当罗马帝国占领日耳曼领土时，罗马殖民者从意大利带来了葡萄树以及葡萄栽培工艺和葡萄酒酿制工艺。尽管德国的葡萄酒是佐餐饮料，但对德国人来说葡萄酒早已不单纯是一种就餐饮品。德国的酒庄文化，是德国文化的历史缩影，已经成为德国文化中不可分割的一部分。德国葡萄酒将宗教、艺术和大自然融合在一体，展现了德国优雅的文化底蕴。同时这种文化上的积淀，早已不是单纯局限于一个行业，而是根深于德国人民的日常生活文化之中，使得种植葡萄、酿制葡萄酒、品味葡萄酒变成了一门艺术，一种文化，更承载了精益求精，百年毫不懈怠的认真态度。很多德国的酒庄，从中世纪运行至今，还保留着几百年前的痕迹，古罗马式的城堡，几百年前原始的酿酒槽。现在他们还在沿用这些古老的遗产，甚至有些酒庄酿酒仍使用最原始的酿酒方法，传承的不仅是一份味道，更是一种文化。

（二） 中国葡萄酒工业化酿酒模式

中国同样是世界上农业最发达的国家之一，但葡萄酒却没有在中国获得很好的发展。据史书记载，公元前138年张骞出使西域时就将葡萄酒带入中国；唐朝时，唐太宗曾获得葡萄酒的酿酒技术，并记录下来，后来葡萄酒酿造技术失传。直到公元1892年，爱国华侨张弼士建立第一个葡萄酒酿造公司，葡萄酒才开始在中国兴起。中国山东、宁夏、新疆地区所处纬度和气候条件非常适合葡萄的种植，改革开放以来，随着经济的发展，葡萄酒在国内越来越受人们欢迎，中国葡萄酒产业正在日新月异的快速发展，已成为世界葡萄酒生产的中坚力量。

“公司+基地+农户”种植模式

由于国内葡萄酒的需求量大，因此葡萄酒公司需要更多的原料来满足生产。区别于国外的酒庄生产，国内的葡萄酒公司的葡萄种植并非全都在专属种植基地，而是采用具有中国特色的“公司+基地+农户”的农业化生产模式，实行“三统一分”的经营管理模式，即统一规划、统一技术指导、统一收购、分户经营。其中，“统一规划”，指的是公司技术部门实际进园采样，经过科学化验评估后，对整个葡萄园区的各种品种区域进行划分；“统一指导”，指的是从最初葡萄树的引进，到现在每年扒藤、修剪整形、施肥打药、冬剪下架埋藤都有专业技术人员负责培训和指导；“统一收购”，则是指在每年葡萄收获时，在专门地点、配备专门人员对农户种植的葡萄进行收购，收购时对葡萄的质量做严格检查，确保葡萄的各项指标合格，提高酿酒葡萄的质量。这样的葡萄种植管理模式在一定程度上提高了葡萄质量，更重要的是能够扩大葡萄原料的产量，满足生产的需要。

饮料葡萄酒

国内的大部分葡萄酒生产与啤酒及其他饮料生产一样，是大规模、工业化、机械化、标准化生产的产物，可以是不同产地、不同品种，甚至是不同国家葡萄酒的混合物，生产出的葡萄酒必须符合特定市场大多数消费者的口味，“既无缺点，亦无优点”，不具风格，也没有个性，其质量的高低主要决定于酿酒技术。质量和口味的稳定一致、最高的回报率以及最大限度地满足大多数消费者的口味是该类葡萄酒生产者的主要目标。当然，这类葡萄酒也必须满足葡萄酒相关标准和生产规范的要求。饮料葡萄酒的生产和营销需要大规模的投资。由于要满足大众口味，这类除需符合相应的葡萄酒种类的标准外，就不能有特殊的个性。此外，它必须是大规模的生产，要求有大规模的葡萄基地、大规模的葡萄酒厂、大规模的葡萄酒营销体系。

而在饮料葡萄酒的产业链中，由于产量很大，葡萄酒厂不可能拥有符合其要求的大规模的自有葡萄种植基地，只能收购果农的葡萄原料，果农与酒厂就有了买卖关系，葡萄本身就变成了商品。如果处理不好酒厂与果农的关系，不仅整个产业链的运转不畅，而且也很难获得符合各类葡萄酒标准所要求的葡萄原料，保证其产品的质量及其稳定性。大规模的工业化葡萄酒生产导致我国葡萄酒严重的同质化，各产区、各企业产品的质量层次单一，特点、个性不突出，不能满足我国葡萄酒消费多元化和多样性的需求。目前我国的葡萄酒市场供不应求，在这种大环境下，这一方面造成国内各品牌之间的残酷竞争，另一方面也使得外国葡萄酒乘机而入。

中国特色酒庄模式

张裕从2002年开始建立中国第一家葡萄酒酒庄——烟台张裕卡斯特酒庄，开启了国内酒庄酒生产的新时代，中国的葡萄酒生产开始从同质化的饮料葡萄酒开始向品质优良的酒庄酒转变。在酒庄酒的生产上，国内以张裕为首的葡萄酒公司也向国外的葡萄酒庄看齐，也注重酒庄酒的“精雕细作”，把对葡萄酒品质的控制贯穿于葡萄酒生产的全过程，追求生产优质的具有酒庄特色的葡萄酒。同时，在酒庄酒的质量评价指标体系上，国内没有一套统一的标准，造成葡萄酒的质量参差不齐。为了跟国际接轨，使葡萄酒的质量能达到国际标准，张裕葡萄酒公司在酿酒工程师李记明的带领下，形成了一套“葡萄酒综合质量分级体系”，同时将张裕的葡萄酒按照质量高低划分为四个级别，从高到低分别是“大师级”“珍藏级”“特选级”和“优选级”。国内酒庄在生产酒的同时，开始发展酒庄旅游业，张裕的卡斯特酒庄、爱斐堡酒庄等是国内典型的酒庄旅游风景区。游客对酒庄的参观不仅能为酒庄作大量的宣传，使酒庄的历史和酒庄酒的品牌更加深入人心，同时，游客通过参观酒庄的葡萄园、酿酒车间、酒窖和酒庄的品酒室，而对酒庄葡萄酒的生产特点和生产理念有更深的认识，让人们对葡萄酒的相关知识和酒庄的历史有更深的了解，将葡萄酒的知识和文化传播到人们心中。

三、中德葡萄酒生产方式

（一） 葡萄酒生产方式

葡萄酒属于农产品衍生物的一种，生产原料葡萄是自然生产的农作物，由于农作物需要保持新鲜才能口感好、味美，因此，葡萄酒的生产必须在葡萄采摘后的有限时间内立即生产加工，不可延迟。生产后的葡萄原酒放到葡萄酒酒窖中存储，等到有需要的时候再进行加工调配。

传统生产企业在生产管理中，需要根据市场的需求结合自身优势和不足，借用外部的力量和企业内部的资源相结合，才能提高企业竞争力。因此，在这种情况下，企业需要根据自身的情况确定合适的生产方式。企业的生产方式是指企业体制、经营、管理、生产组织和技术系统的形态和运作方式。

传统生产方式

在现代企业的生产过程中，顾客的需求已经很大程度上被考虑到企业的生产过程中。在企业生产产品的整个过程中，主要经历了从产品设计，原材料采购，零件生产到半成品组装和产成品五个环节，按照企业自主生产范围和客户参与程度的不同，企业可以采用不同的生产方式，主要包括备货型生产(MTS)、按订单组装生产(ATO)、按订单生产(MTO)和按订单设计生产(ETO)四种类型。每种方式都有不同的特点和优缺点。

备货型生产是企业最传统的生产方式。在这种生产方式下，企业完全自主生产，按照自己对市场的调查和了解，开发产品，再根据以往的销售记录，在生产开始之前预测新的销售需求，补充产品库存。客户从企业提供的产品中，做出买或者不买的决定。可见，客户的购买决定直接对企业的库存产生影响，尽管企业在开发产品时会考虑客户的需求偏好，但这种偏好并不能马上在生产中体现，所以，备货型生产方式中，客户的参与度最低，生产库存管理主要依赖企

表 1　不同生产方式的优缺点

生产方式	优点				缺点			
	减少库存	降低生产成本	产品个性化	弥补需求不确定性	增加库存成本	增加生产成本	对需求依赖性大	交货时间长
备货型生产(MTS)		√			√		√	
按订单生产(MTO)	√			√		√		√
按订单组装生产(ATO)			√	√	√	√		√
按订单设计(ETO)	√		√	√		√		√

业自己对市场的把握。

按订单组装生产是指企业根据产品和零件的特性，建立标准的产品模型，将产品分解成可以独立生产的零件，并把零件以半成品的形式存储在仓库内，当客户订单到达时，按照订单要求组装产品。在这种生产方式下，对于企业来说，可以按照备货型生产方式，预测生产零件，对于客户来说，可选择的产品种类没有改变，但自己的购买决定会影响到企业库存，通过选择自己需要的零件进而扩展到产品的组装环节。这种生产模式在电脑，汽车等行业中非常普遍。

按订单制造和按订单组装生产有些类似，企业也是要在接到客户订单后，根据客户的具体订货量生产产品，不同的地方在于，企业可以不需要储备零件和原材料的库存。但是，生产时间和生产成本都将有所增加。可见，按订单制造生产中的加工和装配完全依赖客户订单来驱动的，顾客的参与程度进一步加深，扩展到零件的生产加工环节。

按订单设计是按订单制造的扩展形式，也是最极端的一种生产方式。在这种生产方式下，顾客参与程度涉及企业生产的每个环节，从产品的研发到原材料的选择，客户都会在订单中提出特殊的要求，而针对每个不同的客户，企业都需要重新设计产品和组织生产。各种不同的生产方式都有自己的优缺点，如表 1 所示。

混合生产模式

在目前完全公开化的竞争市场上，客户的需求越来越被企业关注，生产符合客户需求的产品成为企业的主要竞争力。简单的单一生产模式已经在某种程度上制约了企业的发展，使经济规模和收益增加缓慢。因此，近几年来，越来越多的企业开始研究和应用两种或以上生产方式，以弥补单一生产方式的局限性，更大程度地弥补需求波动带来的损失。混合生产模式使企业在生产时既能充分考虑到客户的需求又能按照企业自身的生产能力生产，具备很大的灵活性。

结合备货型生产及按订单生产 (MTS & MTO)，是指企业在产品推向市场前，根据自身对市场的需求预测，以备货生产的方式，大批量生产并储备一定数量的产成品库存，可用于直接公开市场销售。当市场需求发生后，企业首先用成品库存来满足客户需求，如果出现需求过剩即缺货现象，或者产品不能满足客户实际需求时，企业可以选择接受客户个性化的按订单生产需求，即根据客户的特定需求及产品数量，专门为特定客户组织生产。这种混合的生产模式能够有效利用 MTS 的规模经济，从而降低生产成本，并且利用按订单生产的灵活性，弥补对需求预测的不准确带来的库存增加或者不能及时满足客户需求带来的损失，也是企业常用的生产延时战略之一。

结合备货型生产及按订单组装型生产 (MTS & ATO)，在生产备货阶段与 MTS & MTO 混合模式基本一样，但是除了备货成品库存外，还需要根据产品的物料清单 (BOM) 对各种零件储备一定数量的库存。当开放市场销售后，首先用产成品库存来满足需求，如果出现需求过剩，则可以按订单组装生产的方式，调用库存零件，即时组装销售，但往往即时组装所花费的生产成本要高于提前备货生产的生产成本。这种混合生产模式同样具备 MTS & MTO 的规模经济及弥补需求不确定的损失，同时还具备了交货时间短，生产费用低的特点，能够及时满足顾客个性化的需求，适应市场的变化。

总之，不管单一生产方式还是混合生产方式都有其可取之处，但也有局限性，企业需要根据自身的生产能力及产品特点，合理地制定生产及库存策略，以适应市场的需求，占有最大的市场份额，获取最优利润。

（二）中德葡萄酒行业生产方式

葡萄酒作为一种农产品衍生品，在生产加工的过程中，葡萄原料的质量不仅仅是受到气候、土壤、采摘时间等因素影响。葡萄酒的生产计划也会受到影响。为了保证酿制葡萄酒的葡萄原料的新鲜，葡萄采摘下来之后需要在一个小时内运到葡萄加工厂进行处理。因此，每年的9月到10月是葡萄酒厂最繁忙的季节，数以千吨的葡萄将会被运到酒厂进行加工。由于葡萄原料的易腐特性，原料无法长时间存留，再加上不同种类的葡萄酒在生产过程中对葡萄的除梗、压榨、发酵等技术基本上是一致的。因此，对于葡萄酒生产企业来说，它们的生产方式都是备货型生产和其他的生产方式结合的混合型生产方式，先将采摘的葡萄进行基本的处理生成葡萄原酒，再根据原酒的特点和风格的变化进行之后的调配和处理，形成口味、风格不同的葡萄酒。

德国酒庄葡萄酒生产方式

企业的生产方式不仅要考虑自身的生产能力，同时也应该考虑产品的市场需求，客户是否对产品的特性有特别的喜好，他们的喜好是否应该在生产中加以考虑，这些都影响着企业生产方式的确定。对于德国小作坊式的酒庄葡萄酒生产，客户对酒的喜好和看法往往会被考虑到葡萄酒的生产当中。德国的酒庄大多是庄园式小作坊形式的生产，产出的葡萄酒具有产区酒庄的特色，在保留酒庄特色的同时，酒庄还能根据客户的需要为其定制调配特有风格的葡萄酒。这种具有特色和个性化的优质葡萄酒往往是一些大公司或者葡萄酒爱好者所追求的。对于德国的这些小酒庄来说，每年都会有老客户来定制优质的葡萄酒，这种定制的优质葡萄酒占到酒庄生产酒的30%到40%。每年的年初，酒庄就会接到这些老客户的采购订单，订单上将提供所采购的酒的类型，质量，数量等信息，这使酒庄在生产之前就知道了客户的需求。像戴尔公司一样，酒庄在生产时，就会根据客户的订单要求为他们生产葡萄酒。

因此，德国酒庄采取备货型生产和按订单生产的混合式生产方式。个性化定制意味着每年酒庄会有一批葡萄酒需要根据客户的订单生产。在葡萄的收获季节，他们会选择一部分符合要求的优质葡萄来生产订单上预定的特制酒。剩下的葡萄原料将会根据葡萄的质量酿制酒庄的系列酒，如果遇到年份特别好，会将优质的葡萄原料研制成新的风味的优质葡萄酒。这种混合式的葡萄酒生产方式不仅满足了客户的个性化需求，也能够使酒庄生产一些具备酒庄特色的酒来适应市场的需求，酒庄生产的酒能够更加深入市场。

中国葡萄酒公司的生产方式

与德国酒庄不同，中国生产的葡萄酒在葡萄酒的口味和风味上很少有个性化定制的情况，大多数的个性化定制只是特制的葡萄酒瓶或酒标，因此，国内葡萄酒公司每年生产的葡萄酒都只是由公司研发的特定系列的葡萄酒，这种酒的口味一致，风格特定。面对中国的巨大的葡萄酒需求量和特定系列的葡萄酒，国内的葡萄酒公司一般采用的都是大批量的生产方式。在葡萄成熟时期，葡萄酒公司会根据葡萄种类和质量等级进行分类，然后将分到同类的葡萄分别进行破碎、除梗、压榨、发酵、橡木桶存储等基本的酿酒程序。这些葡萄原料，即使是同一质量等级的葡萄也是有细微的差别，再加上生产过程中的不确定性，甚至是橡木桶的不同都会造成这些葡萄原酒的风味的差别。在葡萄原酒储存了一定时间之后，酿酒师需要将这些葡萄原酒进行调配，调配是国内葡萄酒生产中的关键之处，也是葡萄酒生产的难点。酿酒师需要在调配时将这些口味细微差别的葡萄原酒调配成统一的口味和风格，生成公司的系列酒。这对他们来说是一种挑战，也体现自己对葡萄酒理解。

国内的葡萄酒公司采用的是备货型生产和按订单组装的混合式的生产方式。他们是面向库存生产的，当橡木桶发酵完成之后，公司会根据企业能够储藏瓶装酒的库存量的大小来确定调配瓶装系列酒的量，然后将调配瓶装酒存放到仓库里，保证瓶装酒库存的充足，面向市场销售。如果仓库中的某一系列的瓶装葡萄酒，低于安全库存了，公司再根据橡木桶中的葡萄原酒按照该系列酒的风格进行调配，补充库存。

德国和中国葡萄酒企业种植和生产体现了不同的理念和发展，但两者都充分地结合了自身生产的具体情况，制定了适合当地市场和自身的生产方式、生产计划，以各自的方式将最好的葡萄酒奉献给消费者，同时为自己赢得利润。

四、中德葡萄酒营销方式

（一） 营销方式

市场营销是一项整体性的经营活动，贯穿于企业经营活动的全过程，无论是买方还是卖方，只要是与经营有关的活动都与营销有关。营销的成功与否与企业的生存利益息息相关。顾客的需求是市场营销的起点，满足顾客需求则是市场营销的最终目标。在当今这样一个信息社会中，不仅要发现顾客的需求，更重要的是创造出一种新的需求，并影响到顾客的需求——引导消费。所以市场营销是企业以顾客需要为出发点，以整体性的经营手段，来适应和影响需求，为顾客提供满意的商品和服务而实现企业目标的过程。因此，营销首先得弄清楚消费者消费行为的规律，其次才能对症下药，制定确实的营销方案。

消费者行为

任何一种产品的营销对象都是人，是我们的消费者，只有将对消费者的行为因素及消费者行为模式等研究透彻，我们的营销策略才能符合消费者的痛点，迎合他们的需求，营销行为才能收获效果。

影响消费者消费行为的因素有四类，分别是文化因素、社会因素、个人因素和心理因素，虽然消费者行为是在这四类因素的共同作用下产生的，但这四类因素对消费者行为的影响是不同的，分属不同的层次。多数情况下，公司和营销人员不能控制这些因素，却必须考虑这些因素，其中影响最深的是文化因素，它影响到社会各个阶层和每一个家庭，进而影响到每一个人的心理及行为，影响消费者行为最直接的因素是个人因素。

表 2　影响消费者行为因素

文化因素	社会因素	个人因素	心理因素
文化因素	相关群体	年龄和生命周期阶段	动机
亚文化	家庭	职业	认知
社会阶层	角色和地位	经济环境、生活方式、个性和自我观念	认知

1. 消费者行为模式

消费者市场是指为满足生活需要而要购买货物和服务的一切个人和家庭。消费者市场是商品的最终市场。在分析消费者市场时，公司需要研究：谁构成了该市场 (购买者)；该市场购买什么 (购买对象)；谁参与购买 (购买组织)；该市场怎么购买 (购买行为)；该市场何时购买 (购买时间) 和该市场何地购买 (购买地点)。

认识购买者的起点是刺激反应模式，见图 10。营销和环境的刺激进入购买者的意识。购买

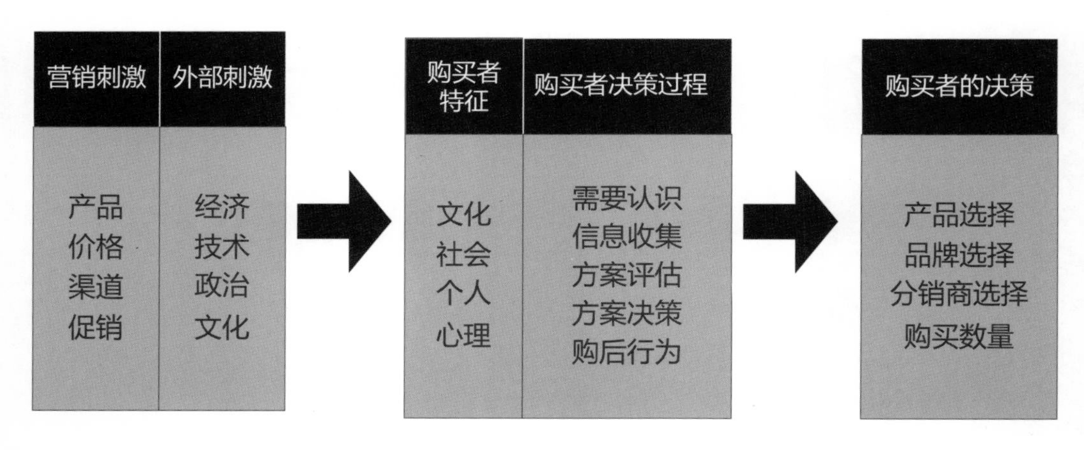

图 10 消费者行为刺激反应模式

者的个性和决策过程导致了一定的购买决定。公司了解消费者怎么看产品的性能、价格和广告，就能比其他的竞争者更有竞争力。市场营销和其他刺激因素进入了消费者的“黑匣子”，并产生了一些反应，公司和营销人员必须弄清楚“黑匣子”里面的东西究竟是什么。

2. 消费者的购买过程

消费者在购买物品过程中，会经历5个阶段：问题认识，信息收集，对可供选择方案的评估，购买决策和购后行为，图11显示了购买过程的“阶段模式”。虽然消费者可能会越过或颠倒某

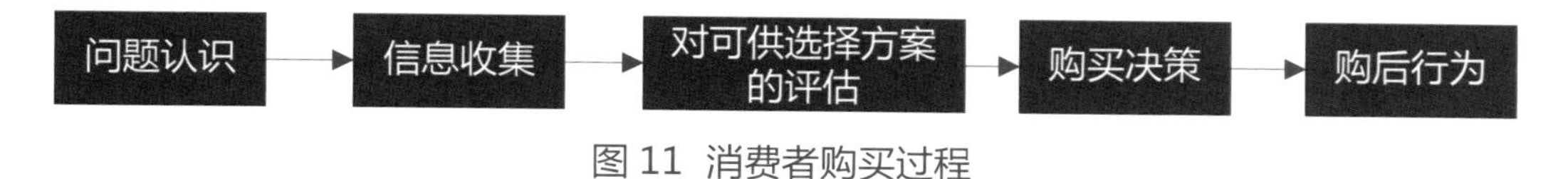

图11 消费者购买过程

些阶段，但这一模式阐述了一位消费者面对一项新采购时所发生的全部思考过程。

营销组合策略

市场营销组合策略是指在市场定位的基础上，为满足目标顾客的需求，对影响企业营销活动的一些可控因素的优化组合和综合运用。营销组合是企业用来实现营销目标的战术手段，是企业用来从目标市场寻求其营销目标的一整套营销工具。营销组合实际上有几十个要素，具体概括为四类，简称4P，即产品、价格、渠道和促销。4P代表了卖方的观点，即卖方用于影响买方的有用的营销工具。从买方的角度，每一个营销工具是用来为顾客提供利益的。

在短期内，企业不会对所有营销组合变量都进行调整。一般来讲，企业在短期内可以修订价格，增加推销力量和广告开支。而开发新产品和变革渠道则需要较长时间。因此，在短期内，企业通常只能对营销组合诸变量中的少数几个进行变更。

1. 产品策略

产品是市场提供物中的关键因素。营销组合计划起始于如何形成一个提供物以满足目标顾

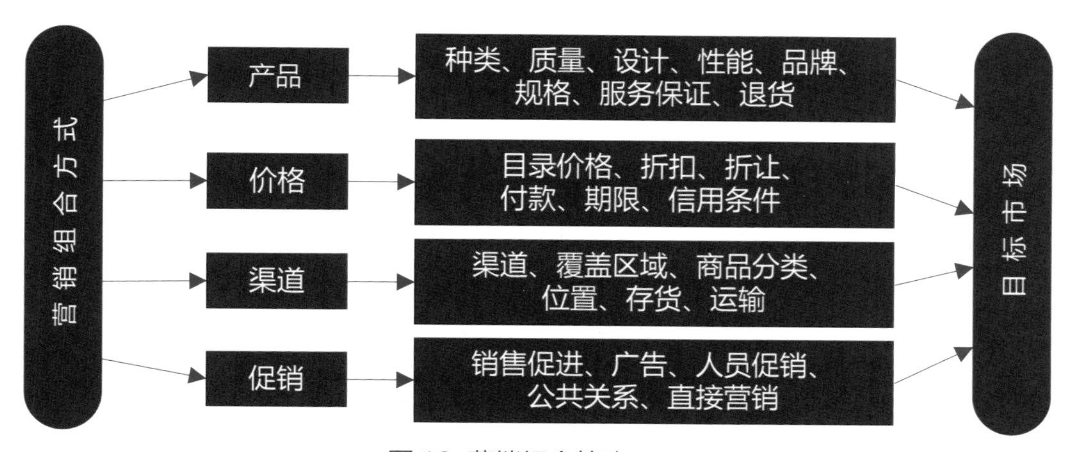

图12 营销组合策略

客的需要或欲望。所以，产品策略是市场营销组合策略中的第一个也是最重要的组成部分，是市场营销组合策略的基础。

核心产品提供一个非常基本的功能；真实的产品涉及将某种产品变成现实的事物；扩充的外延是具有一些附加值的核心产品，这些附加值使产品更易于销售，使企业更具竞争力；潜在的产品意味着企业必须对市场及其变化保持敏感以便作出迅速反应，因此企业必须考虑未来市场上的潜在产品是什么。

公司要想在市场竞争中取胜，应不断适应市场需求开发新产品，不断满足消费者的新需求，使市场机会转化为企业机会，并取得较好的经济效益。还应在对现有产品组合进行评价的基础上，结合自身特点和环境状况进行调整自己的产品组合或产品组合的广度深度及关联度。

2. 价格策略

价格是市场营销因素中最关键、最活跃的因素，它直接关系到产品能否让消费者所接受，关系到需求量的大小和利润的多少。价格策略因此成为市场营销策略中重要策略之一。

3. 渠道策略

生产经营企业为了将所生产的产品以最高效益和最低的费用送抵消费者手中，就必须研究并选择合适的分销渠道。其中渠道是指产品在从生产企业向消费者运送过程中经过的各种中间环节。这些中间环节包括批发商、零售商、代理商、经销商等。渠道的建立对企业来说非常重要，渠道的畅通与否，极大地影响着企业的成败。

4. 促销策略

成功的市场营销活动不仅要制定适当的价格，选择合适的分销渠道，向市场提供令消费者满意的产品，而且，需要采取适当的方式进行促销，正确制定并合理运用促销策略是营销企业在市场竞争中取得有利的产销条件并获取最大经济效益的保证。

促销是指企业通过人员与非人员方式沟通企业与消费者之间的信息，引发、刺激消费者的消费欲望和兴趣，使其产生购买行为的活动，促销的核心工作是信息沟通。只有将生产

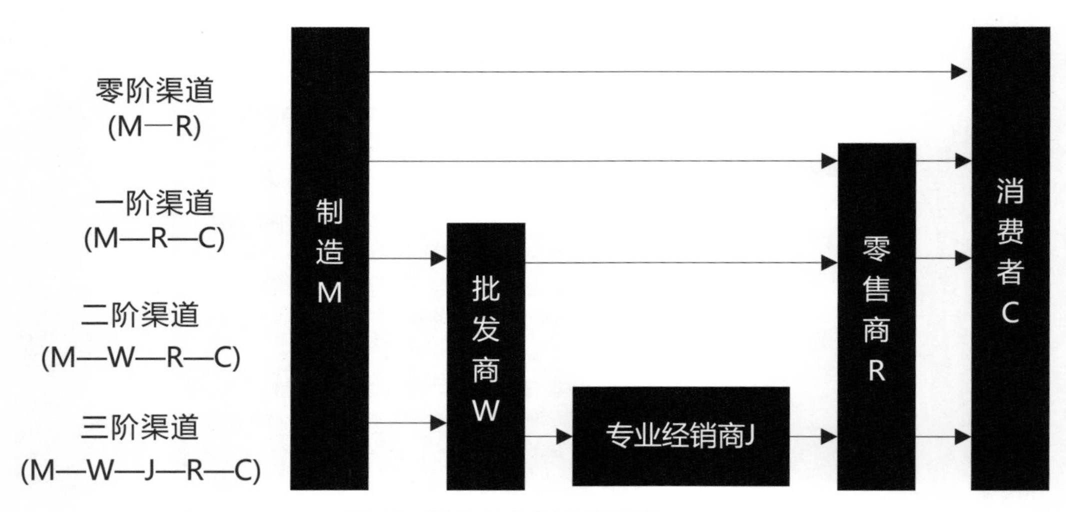

图 13 消费者市场分销渠道

经营企业提供的产品或劳务等信息传递给消费者，才能使消费者注意，并有可能产生购买欲望、发生购买行为。正因为如此，企业应根据消费者的特点有针对性地进行促销，通过沟通信息，刺激消费者产生购买行为。由于人员推销、广告、公关等促销方式各自均有其不足，因此，在促销过程中，生产经营企业应综合考虑促销目标、产品的生命周期、市场竞争状况、促销预算等因素以灵活选用促销方式。

（二） 中德葡萄酒行业的营销方式

在葡萄酒行业，营销是葡萄酒公司一项必不可少的工作，它能将酒庄葡萄酒对人们的好处、葡萄酒的一些品酒的基本技巧和方法、酒庄生产的葡萄酒的特色以及葡萄酒的文化等方面的信息传递给消费者。中国消费者在日常生活中不常喝葡萄酒，对葡萄酒以及葡萄酒文化的了解很少。面对未开发的巨大的潜在市场，葡萄酒公司需要采取大量合理的营销方式来吸引消费者的关注。

根据营销理论，企业对产品的营销方式通过产品、价格、渠道和促销四个方面来打入市场，从而获得消费者认可，占据市场，获得利润。无论是德国的葡萄酒庄还是中国的葡萄酒生产公司，都在葡萄酒的市场营销上花费了很多的时间和精力，帮助自己的产品打入市场。

产品方面。德国酒庄的产品种类繁多，每家酒庄根据自己酒庄种植葡萄的特色生产不同系列的特色优质葡萄酒，形成了众多不同风格的葡萄酒种类。由于德国的小作坊式酒庄生产方式，葡萄酒的酿造精益求精，大多德国葡萄酒的品质优良。同时，德国葡萄酒行业发展了400多年，葡萄酒质量评价体系非常完善，甚至将对葡萄酒质量的要求写进了法律。因此，德国葡萄的质量评价和分级很明显也更规范。这就使市场上的德国葡萄酒除了种类繁多之外，各种质量等级的葡萄酒也一应俱全。因此，德国葡萄酒的产品分类以酒庄 — 葡萄酒系列 — 质量等级来进行产品的区分。

随着国内酒庄酒的兴起，国内葡萄酒的产品种类越来越多，葡萄酒的质量也越来越好。国内葡萄酒产品结构开始向国外看齐，产品涵盖高、中、低端产品。然而国内葡萄酒消费尚处于初级阶段，大部分消费者对葡萄酒的认知很少，他们不倾向于买高端的葡萄酒，因此国内的葡萄酒大多数都是中低端产品，特别是将不同产地、不同品种，甚至是不同国家的葡萄酒进行混合的饮料葡萄酒，这种葡萄酒符合特定市场大多数消费者的口味。

在购买渠道方面，德国和国内葡萄酒分销渠道及其相似，主要包括酒庄直接销售、专卖店销售、特定销售网络销售、超级市场销售和网络销售。在所有的购买渠道中消费者欢迎的方式之一是直接在酒窖和酒厂采购。通常酒商为顾客推荐多种品尝酒，顾客在认真品尝后才确定其购买行为，一旦选定酒品，酒庄为客人包装，并为客人将酒装上汽车。其次，通过专卖店进行购买也是葡萄酒爱好者乐意选择的方式。葡萄酒庄和酒厂都有各自的葡萄酒专卖店。一些葡萄酒爱好者很愿意光顾这些专卖店进行品尝和选购自己钟爱的葡萄酒。对于葡萄酒庄来说，葡萄酒的销售主要依靠专业的销售网络，遍布大小城镇的网络由一些大经销商和零售商构成，酒庄将葡萄酒分给遍布全国的网店，让他们帮忙推销和销售。超级市场中也能买到葡萄酒，超级市场是产品销售集中地，所以超级市场中的葡萄酒虽然种类繁多、但是品质价格参差不齐。如同其他商品的消费方式一样，选购特色优质葡萄酒产品还是要去专卖店。网络销售是最近几年特别流行的一种销售方式。随着互联网行业的快速发展，一些大的葡萄酒公司开始建立自己的葡萄酒网络销售平台，在网站平台上销售公司的产品。同时，他们也积极跟一些大的购物网站合作并进行销售，在国内，张裕葡萄酒公司与京东商城就有这样的合作，消费者能在京东商城上购买张裕的葡萄酒。

在葡萄酒促销方面，国内的葡萄酒商基本上都是通过广告的形式对消费者进行信息输入，在电视上、公交车上、饭店里到处可见葡萄酒广告。随着酒庄旅游在中国的发展，国内葡萄酒公司也可以通过向酒庄旅游的人们进行宣传、促销。

德国葡萄酒经过长期的发展，形成了浓郁的葡萄酒文化，葡萄酒文化又同营销策略绝妙的结合，给德国的葡萄酒带来不一样的营销方式。德国每年举办葡萄酒拍卖会，对顾客而言，通过拍卖方式获购的酒都是不可多得的极品，其收藏价值远高于成交价格，也是一种保值增值的投资方式；对于厂家、酒商而言，拍卖成交的葡萄酒不仅收入高，而且还能提高品牌的知名度。而且，每年一到葡萄采摘季节或新酒上市，德国的葡萄产酿区从村庄到市镇，都要举行规模不等的葡萄酒节，每年多达1300多个。还有各种各样的传统音乐节也和葡萄酒密切相关，每年这些时候都是德国葡萄酒爱好者和音乐爱好者的重要聚会。当然，在这样的节日里，商人们绝不会错过这样的好机会，各种订货和贸易的成交率非常之高。

五、葡萄酒产业生态链的趋势

随着人们生活水平的提高，人们对葡萄酒的消费不仅仅局限于超市的普通葡萄酒。更多葡萄酒业内人士，将目光聚集在优质葡萄酒上，开始注重陈年葡萄酒经历长久时间熟成酒的感觉。他们开始将目光转移到葡萄酒的原始生产方式——小酒庄上，寄希望于那些拥有得天独厚的土壤、气候条件、优良葡萄品种、先进葡萄栽培技术和精湛酿酒工艺的葡萄酒庄园，假庄园农艺师和酿酒师之手，遵循几百年的传统工艺规范，精雕细作出葡萄酒的“上乘佳作”。这些国际顶级的红、白葡萄酒，无一例外地来自酒庄，酒庄葡萄酒生产的生态化更是一种潮流和趋势。

葡萄酒生产的生态化，不仅包括酿酒工业生态化，还包括产前绿色原料的生产环节、产中的酿造环节、产后的营销和销售环节，是三者有机结合的全程生态化。酒庄在运营过程中，将绿色食品、清洁生产、废物资源化和谐统一，最大限度地利用资源、减少污染和保护环境。这种生态化生产追求原生态的生产方式，不仅给葡萄品质带来了很大的提升，而且这种模式更好地保护了葡萄的生长环境，使优质葡萄的生产能够延续，符合可持续发展模式。伴随着人们对葡萄酒的喜爱，人们在品味葡萄酒的同时，开始将目光转移到葡萄酒的生产和葡萄酒文化上。人们这种观念的改变，使得葡萄酒旅游业的日渐繁荣，人们在参观酒庄的同时，不仅能了解葡萄的生长环境，葡萄酒的生产过程，对葡萄酒庄园的了解还能增加对葡萄酒文化的理解和对酒庄文化的理解。

因此，对葡萄酒产业来说，未来的产业生态链是一种趋势，它包括生态种植、生态生产、生态回收和生态旅游。

（一）生态种植

葡萄酒产业链是一个与自然生态系统息息相关的产业，生成葡萄酒最主要的原料葡萄是一种农业产品，它的质量和特色首先受到产区的气候、土壤、雨水等自然条件影响，其次才受到与自然条件相适应的栽培、除草、采收、酿造等人为因素影响。然而，随着科学生产技术的发展，更多的现代农业生产技术被人们运用到葡萄的种植和生产中，比如通过施加工业化肥来增加营养，在葡萄生长过程中喷洒农药防止受到害虫和霉菌感染，通过机器进行除梗、压榨等处理代替人工，提高了工作效率。现代的生产技术很大程度上提高了葡萄的产量，同时提高了葡萄生产的效率，降低了生产成本。

葡萄是一种多年生长的经济农作物，气候、土壤和栽培技术等对葡萄的质量和产量都有很大的影响。在土壤的管理上，需要注意培养土壤的肥力，维持产量和土壤肥力之间的平衡。土壤肥力是指土壤能够同时不断供应和协调植物需要的水分、养分、空气、热量和其他生活条件的能力。土壤肥力包括物理肥力、生物肥力和化学肥力。在葡萄的生长过程中，土壤的生物肥力发挥了不可替代的重要作用。生物肥力是构建土壤生态系统和土壤肥力的核心，它指的是土壤中有益生物菌群的数量和繁殖能力，当然还有对有害菌群的抑制能力。每克土壤中，生活着几亿至几十亿个微生物，土壤越肥沃，微生物越多。有益的微生物菌群数量大繁殖快，不但可以分解有机物，形成肥沃土壤；而且创造团粒结构，改善物理肥力；同时参与生化反应，释放化学肥力。使得土壤中的物种多样性，对葡萄树营养的均衡、生成高质量的葡萄有很多大的影响。

然而，长期以来，葡萄生产种植上过多的依靠化学肥料来提高土壤的化学肥力，同时进

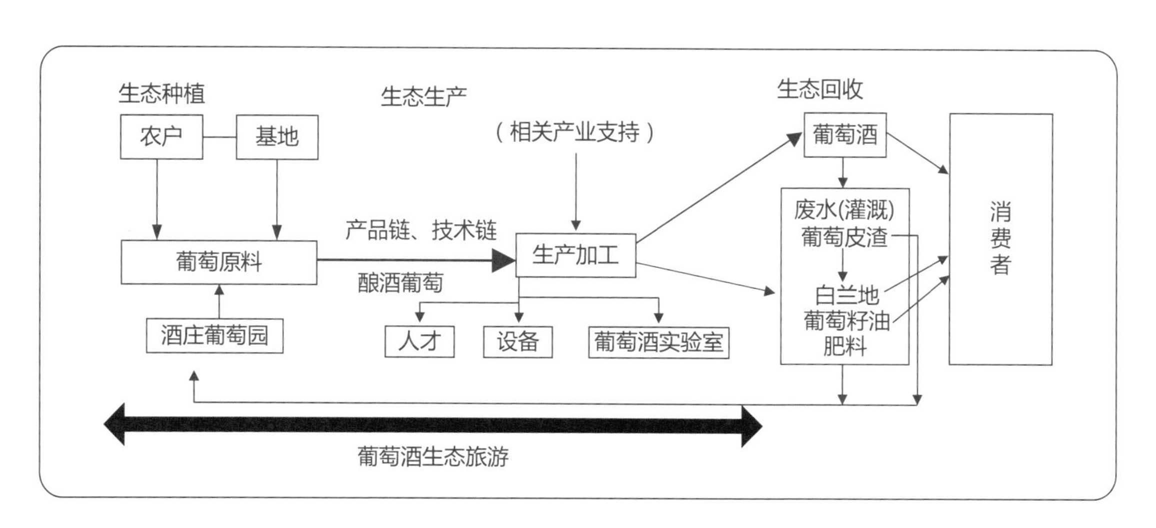

图 14 葡萄酒产业生态链

行农药的喷洒，防止了病菌的损害，这些做法虽然大大增加了葡萄的产量，但是对葡萄园的生态系统，特别是葡萄园的物种多样性的损害较大，造成了土壤肥力的下降，导致化肥利用率降低，施肥没有效果，生理病害增多，同时根部病害严重。

葡萄酒“生态种植”的葡萄栽培方式更加原生态，葡萄园不打农药，不用化肥。为了保证土壤的肥力，施用马粪、鸡粪等有机肥。葡萄园空余地方，栽培其他的香草和花，增加葡萄园的物种多样性。酿造过程中产生的污水经处理后灌溉到葡萄园，兴建蓄水池，蓄水池收集剩余污水用于养鱼，污水处理设施将处理过的污泥、果梗、果皮回填于葡萄园充当有机肥料，提高土壤肥力。这样就营造了一个绿色的葡萄园，同时保障了葡萄酒原料的品质，也符合人们对食品安全、健康的追求。

（二）生态生产和生态回收

葡萄酒生产的关键就是通过合理的酿造工艺将葡萄中有效成分完美地在葡萄酒的质量和风格中体现出来。因此，葡萄酒在生产过程中，应尽量减少机械操作对葡萄酒中成分的损伤，在保证葡萄酒良好发酵、陈酿等环境的前提下，将葡萄酒的成熟和变化交给时间，时间是葡萄酒最好的催化剂，经过岁月的洗礼和沉淀，一瓶好的葡萄酒将会展现它们最大的魅力。

葡萄酒生产过程会有一些废水和废料的排出，排放出的废渣主要是酿酒的废弃物——葡萄皮渣和酒泥，皮渣包括葡萄皮和葡萄籽。其中，皮渣中的葡萄籽内含丰富的有机质，可以从中提取葡萄籽油、葡萄原花色素等，这些物质也可以销售于市场或其他行业，其中葡萄原花色素还是医药行业所需要的。这样既延伸了葡萄酒产业链条，又解决了废弃物对环境的污染，将环境保护内部经济化，产生较高的经济效益和很好的社会效益，进而促进了葡萄酒生态产业链的建立。

（三）生态旅游

葡萄酒文化旅游作为一种集一、二、三产业为一体的特色鲜明的专项旅游，它蕴藏了深厚的历史内涵和高雅的现代文化，追求社会效益、经济效益与生态效益的统一。葡萄酒产业在纵向上可以进行延伸相关的产业链，也可以在改善生态环境的基础上，针对葡萄酒庄园设计，发展葡萄酒旅游业的优势。葡萄酒旅游业包括参观葡萄园、发酵车间、装瓶车间和地下酒窖，品尝葡萄酒，了解葡萄酒文化等自然与人文景点的一系列专项旅游。其目的是采用最理想的方式实现旅游、观光、饮酒、美食、文艺、娱乐和探索等活动的完美结合，促进葡萄酒及相关产业的发展。这种生态旅游的模式既能形成一种产业，给酒庄带来收入，更重要的是能够在此基础上为酒庄进行宣传，扩大酒庄酒在广大消费者心中的知名度和影响力。旅游过程中的葡萄酒文化的传播，对整个葡萄酒行业的影响则更加深远。

第五章 德国葡萄酒企业案例：蒙格克鲁格酒庄

一、历史上的蒙格克鲁格酒庄

美丽而幽静的德国小镇戴德斯海姆出产着世界上最好的雷司令白葡萄酒。每年夏季，无数的葡萄酒节在这里举行，来自世界各地的葡萄酒爱好者来到这里，品尝美酒、结交朋友，悠闲地享受着夏日时光。在小镇的众多酒庄中，在种植规模，酒庄历史及葡萄酒品质上较为典型和突出的便是蒙格克鲁格家族 (Menger-Krug) 的酒庄。

三大酒庄

蒙格克鲁格家族历史悠久，有记载的史料可以追溯到 17 世纪中叶。1758 年，蒙格克鲁格家族祖先接管了莱茵黑森产区的克鲁格庭院酒庄，并开始经营。莱茵黑森产区拥有千座山丘与林荫大道，这里的土壤类型不尽相同，不同类型的土壤特质使雷司令葡萄酒口感细腻，变化多样，醇香四溢。克鲁格庭院酒庄成了蒙格克鲁格家族的第一座酒庄。得益于得天独厚的条件，再加上家族祖先对酿酒事业的热爱和专注，很快葡萄酒事业做得风生水起。随着家族酿酒事业的一步步扩大，原来家族酒庄的葡萄园已经不能满足酒庄酿酒的需要了。1838 年，在充满田园风光的普法尔茨 (Pfalz) 地区，蒙格克鲁格家族买下了一块地，建造了家族的另外一个酒庄莫琛巴克 (Motzenbäcke) 酒庄。普法尔茨地区的气候不仅特别适宜种植葡萄，而且无花果、柠檬和杏树也生长茂盛，绿意盎然的葡萄园与园内缤纷的植被交相辉映，俨然形成一个生物多样性的葡萄园。生物多样性是莫琛巴克酒庄很重要的一个特色，它对园内的葡萄的生长有非常重要的影响，因为只有多样的自然生态才能为酿造顶级葡萄酒的葡萄提供生长所需要的环境。到 19 世

图 1 克鲁格庭院酒庄大门

图 2 天堂酒庄

纪，为了满足酿酒规模的需要，家族购买了第三块葡萄产地，伴随着酒庄内著名的天堂别墅的建造，家族的第三座酒庄也正式成立了，命名为天堂酒庄。

红衣大主教

在基督天主教会盛行的欧洲，大部分欧洲人的另外一个身份就是基督教徒，在这样庞大的教会组织中，有一个重要部门的首长就是主教。主教是天主教会中教皇治理教会的主要助手和顾问。他们掌控着整个教会，由于主教平常穿红衣、戴红帽，故经常被天主教外人士称为红衣大主教。

在欧洲，教会和葡萄酒是分不开的，早在中世纪时期，教会的传道士就专心研究葡萄酒的酿制。蒙格克鲁格家族作为一个酿酒世家与教会也有很深的联系，家族成员都信仰基督教。还经常与教会的酿酒师进行交流，探讨葡萄酒的酿制方法和对葡萄酒的理解。除了能够酿出质量上乘的葡萄酒之外，最令他们骄傲的一件事就是家族里面出现一位红衣大主教 Johannes von Geissel。Johannes von Geissel 在 1845 年到 1864 年曾任德国科隆大教堂的红衣大主教。他的母亲就是蒙格克鲁格家族的一员，因此 Johannes von Geissel 是在葡萄园和酒庄里长大，并且深受家庭影响，Johannes von Geissel 也参加教会的祷告和活动，对基督教产生了深深的信仰，后来在教区神学院学习神学。毕业后在当地的教会工作，最终在 1845 年被选为前任主教的继任者，最终成了科隆大教堂的红衣大主教。当选主教后的 Johannes von Geissel 积极促进家族酒庄和教会之间的关于葡萄酒酿制的

图 3 红衣大主教

技术交流，同时也注意同其他地方教会的技术交流。这种交流为家族的葡萄酒酿造工艺提供了很多的借鉴，家族酿酒工艺越来越成熟。

质量和理念

家族祖先自酿酒开始，就深深知道葡萄酒是上天的恩赐。他们虔诚地对待自然，秉承构建“葡萄园生态系统”的理念对葡萄园进行打理、种植和葡萄酒的酿造。对这个经历了 400 年历史的家族酒庄而言，可持续发展的生态理念已经深入骨髓，并且成为每个家族酿酒师的酿酒哲学。他们认为自身肩负的责任是使后代子孙也能永远在这片葡萄园里酿造顶级的葡萄酒。他们坚信：美味的葡萄酒只能产自优质、健康的葡萄，而优质的葡萄也只有在土壤肥沃、良好运作的“葡萄园生态系统”中才能获得健康的成长。

在 400 年的家族历史中，家族经历了两次世界大战的洗礼。所幸的是，大战之后不仅葡萄园能够免遭炮火，而且家族的酿酒理念也在代代相传中保留下来，并且在新时期，继续传承并实践，不断坚守，不断完善。伴着祖先的生态种植和生态酿制的酿酒哲学，家族企业在德国葡萄酒业占据一席之地，并且越发壮大，越办越好。

欢快的餐厅

蒙格克鲁格家族到现在经历了 9 代的传承，现在的掌门人是雷吉娜 (Regina) 女士。这个故事要从雷吉娜女士的曾祖父开始说起。雷吉娜女士的曾祖父是 Gelk 先生。在 Gelk 先生 20 来岁时，蒙格克鲁格家族的葡萄种植面积只有 10 公顷左右。当时的 Gelk 先生已经开始跟随父亲开始酿酒，继承了祖传的事业。虽然 Gelk 先生对酿酒事业非常感兴趣，但由于有父亲打理，Gelk 先生无需花费过多精力在家族事业上。于是，像其他年轻人那样，Gelk 先生会经常跟朋友聚会。久而久之，Gelk 先生对开餐厅产生了兴趣，于是他立马就开始成立餐厅，并且将自己家的葡萄酒放在餐厅里面卖。

1910 年，Gelk 先生的儿子埃米尔 (Emile) 长大了。为了使自己更加专心于家族酒庄葡萄酒的酿制，Gelk 先生开始将餐厅交给埃米尔打理，自己则全身心放在酿制葡萄酒上。可喜的是，在餐厅的经营上，埃米尔比 Gelk 更有经商头脑，他发挥自己的聪明才智将这家餐厅变成了一个充满欢乐的场所。这里不只是吃饭的地方，更是人们欢快玩耍的地方，特别是在晚上。在那个时期的晚上，除了上层人士有酒会等娱乐项目之外，普通德国人基本上没有娱乐活动，而且晚饭之后餐厅也会很早关门。于是，埃米尔延长了餐厅的营业时间。餐厅里有一个小舞台，埃米尔请来了歌手来表演，从此，人们便喜欢上了这个快乐的地方，并都会在晚上到餐厅来热闹一番。这种边喝边娱乐的形式不仅使人们得到了更多的快乐，也极大地带动了酒的销量。也因为此，童年的雷吉娜女士也深深地被这种愉快的氛围感染，并梦想着长大后可以成为一名歌唱家，在餐厅里为人们演唱。

在这个欢快的餐厅里，还发生了这样一个小插曲。在德国的万灵节这一天，大家都外出扫墓，法律规定当天所有的娱乐活动必须在晚上十点前结束，然而就在那天，蒙格克鲁格家餐厅的欢声笑语仍然持续到了深夜。于是乡邻便去投诉，并将此事告上了法庭，但有趣的是法官本人当晚也在餐厅喝酒、歌唱。埃米尔先生在法庭上是这样说的：在我们这个家族，哪怕我们唱的是深沉的宗教歌曲，我们也会一边唱一边跳，但这一切都仅限于我们家的围墙之内。童年的雷吉娜女士也深深地将这段回忆留在了的脑海里，餐厅就像是一个大邮轮，每天都是嘉年华，能给她带来无穷的欢乐。

图 4 蒙格克鲁格家族成员

二、21 世纪的蒙格克鲁格酒庄

（一） 蒙格克鲁格家族成员

蒙格克鲁格家族是一个庞大的家族，家族目前四世同堂，并在一起工作。酿酒技术代代相传，在一同酿酒的过程中将技术的精华传承下去，同时新的一代又根据时代的特点继续发展创新，酿成适合当代风格的葡萄酒。无论谁成为家族新的酿酒师，一定会传承家族“葡萄园生态系统”的生态理念，这是家族立足的根本。

目前，家族四世同堂，现在掌控家族酒庄的是雷吉娜和他的老公克劳斯 (Klaus)；雷吉娜的母亲安娜丽莎 (Anneliese) 女士已年过九旬，但身体却非常硬朗；然后是雷吉娜的两个女儿和女婿，大女儿伊芙 (Eve)、小女儿玛丽亚 (Maria) 及其丈夫斯蒂芬 (Stephan)；最后是玛丽亚的三个儿子，他们是家族未来希望。

安娜丽莎女士

雷吉娜的祖父生有一子，就是雷吉娜的父亲，家庭的影响使他从小就热爱葡萄和葡萄酒。他是一名知名的葡萄酒哲学家，他对葡萄酒的热爱使其专注于葡萄的种植与葡萄酒的酿造，在此期间家族的葡萄种植面积通过收购扩大到了 40 公顷。通过先生的努力，不仅使家族的种植面积大幅扩大，更是使家族的葡萄酒文化发扬光大。

图 5 安娜丽莎女士

雷吉娜的父亲是葡萄酒迷，他将毕生的精力都放在葡萄酒的酿制上，他只负责酿制佳酿，不管酒庄的管理。相反，雷吉娜女士的母亲安娜丽莎女士却是管理高手。与雷吉娜女士的父亲结婚后，她便开始帮助打理家族的酒庄生意。安娜丽莎女士是理财能手，坚持着不浪费资本、资源的原则，将家族企业的财务打理得井井有条。业余时间，安娜丽莎女士爱好打网球，世界名将格拉芙的教练也曾为其进行教学。安娜丽莎女士现在已年过九旬，身体硬朗，还能自己上下楼梯。对她而言，打网球不仅可以锻炼身体，更可以结交社会名流，从而将家族的葡萄酒品牌带入上层社会。尽管年事已高，安娜丽莎女士仍爱喝葡萄酒，尤其是自家产的葡萄酒，仍然保持着每天喝两杯葡萄酒的习惯。

图 6 雷吉娜和克劳斯

雷吉娜和克劳斯

酒庄目前的庄主是雷吉娜女士。雷吉娜女士虽已接近 60 岁，但依然充满活力，对葡萄酒的热爱也未减半分。

雷吉娜女士是在青年时接掌的家族酒庄事业。那时的雷吉娜像每个年轻女生一样爱玩，除了自己喜爱的酿酒事业，就是与自己的朋友一起玩。然而，意外突然降临，她父亲的突然离世给了家族一个严重打击，对雷吉娜本人来说更是沉痛一击。在那之后，她开始掌管家族酒庄的事业，那时的她已和丈夫克劳斯成婚，于是他们俩开始撑起了家族的大梁。所幸的是，安娜丽莎女士健在，并且对酒庄的管理及营销方面特别熟悉，于是，雷吉娜开始向母亲学习如何管理酒庄，逐渐将酒庄管理得井井有条。雷吉娜女士是市场营销方面的高手，她的许多创新式的营销方法卓有成效地提高了蒙格克鲁格家族葡萄酒的销售量与市场占有率。克劳斯先生的家族同样世代种植并酿造葡萄酒，克劳斯先生也特别爱好酿酒事业，从小跟着父亲耳濡目染学到了不少酿酒方面的技术，与雷吉娜结婚时已然是一名葡萄种植和葡萄酒酿造的专家。于是，家族的葡萄种植和酿酒技术的工作全都由克劳斯负责。克劳斯非常喜欢酿酒，将这些工作交给他，无异于正中下怀。在夫妻俩的努力下，家族的葡萄种植面积扩大到了 80 公顷。克劳斯的工作就是在葡萄园以及酿造车间仔细检查每一个细节，全盘掌控葡萄园、加工车间和酒窖的一切。在克劳斯的打理下，家族的几款经典葡萄酒的口味相当稳定，卖得很好。克劳斯的家族有打猎的传统，克劳斯在很小的时候就随其父亲一起打猎，因此，家里的墙壁上是各种大小的鹿角，在客厅的角落里还有一只两米多高的黑熊标本。闲暇下来，克劳斯就坐在客厅的沙发上，手捧着一杯雷司令，回味着其父亲说的话，思考着如何与自然相处，如何热爱自然、爱护自然，这样才能得到自然给予的馈赠。

大女儿伊芙和小女儿玛丽亚

雷吉娜和克劳斯夫妇俩有两个女儿，大女儿伊芙，是生物学博士，目前在一家科研机构从事研究工作。伊芙并不全职为家族工作，但是她的科学研究成果常常为家族的葡萄种植及葡萄酒酿造提供便利。这些科学研究成果帮助家族在酿酒过程中实践了与自然和谐相处的理念。

小女儿玛丽亚则全职为家族产业工作。事实上，玛丽亚从小就对父亲的酿酒工作十分感兴趣，而且也耳濡目染了不少父亲酿酒的知识与经验。这使得玛丽亚从小就具有不俗的葡萄酒品鉴能力，长大之后的刻苦学习和工作，使玛丽亚不断地向父亲醇熟的酿酒技艺靠近，并为家族的酒注入了新的活力。玛丽亚虽然已是三个孩子的母亲，但仍然十分年轻有活力，对葡萄酒有特别的鉴赏和调配能力。玛丽亚甚至调制了一款白葡萄酒，原料使用了50%的灰皮诺以及50%的雷司令，并用自己的名字命名。这瓶酒的瓶标是一幅画，对玛丽亚来说，这幅画有着特殊的意义。

这是她刚出生时，奶奶画给她的诞生礼。这幅画的原画，挂在餐厅墙壁的一角，放置的位置虽不显眼，但当你看到它时，能从它身上感受到热情与顽强的生命力。画和酒完美的融合在了一起。

玛丽亚的丈夫斯蒂芬先生同样来自于葡萄酒世家。玛丽亚最大的儿子今年5岁，名叫弗雷德(Frederico)，费雷德虽然小小年纪，但是能非常清楚地分清各种葡萄品种，并清楚的知道家中各款葡萄酒的主要成分。他甚至还创造性地调制了一款自己的酒，小小年纪已经展现出了对葡萄酒的热情与天赋。

图7 玛利亚的诞生礼

（二） 主要葡萄酒产品

蒙格克鲁格家酿造的葡萄酒品种十分丰富，这里从两个维度进行分类。首先是按照葡萄酒品种来区分：

起泡酒

家族最有名的应该是其出产的起泡葡萄酒，口感清新自然，优雅的果香可以让人唇齿留香。在酿制起泡葡萄酒时主要使用的葡萄品种有雷司令、黑皮诺以及霞多丽。

图 8 玛丽亚葡萄酒

白葡萄酒

除了起泡葡萄酒之外，家族的白葡萄酒同样非常有名。由于德国特殊的气候条件使得德国的雷司令葡萄品种尤其优秀，蒙格克鲁格家族也是大量使用雷司令葡萄酿造了各个等级的白葡萄酒，除了普通的白葡萄酒外，还有晚摘型白葡萄酒以及贵腐白葡萄酒。

冰酒

冰葡萄酒 (Ice wine) 是指将葡萄推迟采收，当自然条件下气温低于 -7℃使葡萄在树枝上保持一定时间，结冰，采收，在结冰状态下压榨，发酵酿制而成的葡萄酒 (在生产过程中不允许外加糖源)。蒙格克鲁格家族同样使用优秀的雷司令葡萄，在每年初雪达到 -7℃的凌晨采摘，连夜压榨，酿造出高品质的冰酒。蒙格克鲁格家族酿造的冰酒除了具有极高的纯度以外，酒体十分饱满，能给品尝者带来丰盈的口感、恰到好处的甜度以及依旧清新的花香和果香。使得冰酒给品尝者带来的味觉体验不再仅仅是单调的甜味。

红葡萄酒

蒙格克鲁格家族同样出产红葡萄酒，使用的葡萄品种主要是霞多丽和黑皮诺。霞多丽是全球种植范围最广的葡萄品种，在德国的表现依然十分优秀。尽管和邻居法国相比，德国的红葡萄品种相对少，品质也相对弱，但是就黑皮诺葡萄而言，近年德国的种植品质有赶超法国的趋势。因此，家族多用这两类葡萄酿造红葡萄酒。与法国的干红葡萄酒浓重的酸涩口感不同，蒙格克鲁格家族酿造的红葡萄酒在口中相对润滑，但有着很丰富的余味。这种口感更容易被消费者所接受。

其次，如果按照家族不同的葡萄酒品牌来区分，可以分为:

1. 天墅王道系列

该系列的葡萄酒代表了蒙格克鲁格家族酿酒的顶级水平，主要包括白葡萄酒中的晚摘型甜酒、贵腐酒以及冰酒。年份上乘的天墅王道冰酒尤其珍贵，在德国的市场售价可以达到500欧元的水平。

2. Krug'scher Hof 系列

该系列的酒使用的酿酒葡萄出产自家族在Krugscher的种植区。

3. Motzenbäcker 系列

该系列的酒使用的酿酒葡萄出产自家族在Motzenbäcker的种植区。该系列的酒除了普通的红、白葡萄酒之外，还有一批特别的用橡木桶窖藏的酒，这批酒被称为“Moon Wine”，原因是这些酒都是放在月亮橡木桶中酿造的，因此会带有更为明显的橡木桶味。由于红酒尤其适合在橡木桶中陈酿并吸收橡木桶的味道来增添红酒味觉层次的丰富性，因此“Moon Wine”尤其值得称颂。

4. Villa im Paradies 系列

该系列的酒使用的酿酒葡萄出产自家族在天堂酒庄的种植区。这片种植区是蒙格克鲁格家族中面积最小的种植区，天堂别墅也正是整个大家族生活起居的地方。

（三） 市场销售情况

蒙格克鲁格家族的葡萄酒在德国市场上具

图9 醇甜葡萄酒

有很好的知名度，对家族而言，其50%的销售额来自于德国市场。除去德国以外的欧洲市场则占了整个家族销售额的30%。目前，亚洲市场仅占家族销售额的5%，但是这一比例在上升，同时家族也希望能够更多、更好地向亚洲消费者展示家族酒的特点和魅力。

在销售战略方面，家族酒大部分销售给大规模的企业合作伙伴，比如汉莎航空和德国铁路。目前，蒙格克鲁格是汉莎航空头等舱以及德国铁路商务舱的指定品牌供应商。家族的销售额中约有90%来自这些稳定的大客户，余下的约10%通过各类零售终端销售给普通消费者。旅行者们也可以在欧洲以及北美洲的主要机场买到蒙格克鲁格家族的酒。由此可以发现，与大型的商务客户保持良好的合作关系对于家族产业而言至关重要。

与家族的销售模式相对应的是其营销模式。由于零售端销售占比较少，因此所做的各类媒体广告较少。这方面比较多的是在一些大众消费类杂志或者品酒专业类杂志上经常会有一些关于蒙格克鲁格家族、雷吉娜女士、玛丽亚女士或者天堂酒庄的专题报道。但是这些文章的采访与撰写大多数都是由于家族在德国市场上的声誉，杂志社主动约稿。家族自有的销售成本则更多地被用于举行各种品酒会。家族每年都会在德国、法国的波尔多地区、香港以及中国大陆举行品酒会，邀请当地的企业前来品尝新一年的佳酿。在品酒的过程中可以和老朋友相聚也可以结交新的客户，也就是所谓的关系营销。家族的不同客户甚至可以通过这样一个平台相互结识并成为商业伙伴。

在市场开拓方面，家族目前非常希望能开拓北欧市场、瑞士、美国以及中国市场。在世界的不同地区，有着不同的文化、价值观、消费者偏好以及饮食传统，因此在营销手段、产品设计等方面都需要在充分考虑上述差异的前提下进行。但是对于中国市场，尽管中德两国具有不少的差异，但是家族更多地看到了两国之间文化上的相似之处。比如，在人与人之间建立信任以及面对面的沟通是建立商业合作关系的前提，这一点在两国的商业实践中都是被高度认可的一个方面。因此，家族仍然希望运用关系营销的手段开拓中国市场，为自己寻找到合适的合作伙伴。

三、天墅王道系列酒庄酒

1994年，在著名的布鲁塞尔国际葡萄酒大赛中，一款来自德国蒙格克鲁格酒庄的系列酒受到葡萄酒家们的一致好评，40个左右的评审小组均给这款名叫天墅王道系列酒中的雷司令贵腐酒最高的评分，天墅王道系列葡萄酒理所当然的拿下了当年的至高荣誉金奖。从1994年至今，天墅王道已经开发了一系列新的优质葡萄酒，天墅王道系列葡萄酒的品种包括雷司令、长相思、塞美蓉、灰皮诺和黑皮诺。其中，该产品系列中最著名的一款葡萄酒是产自2009年的优质雷司令贵腐酒，这款酒入口香甜，芳香四溢，充分实现了酸度和甜度的完美结合，口感平衡优雅。

2009年的天墅王道雷司令贵腐酒，总产量达150瓶，得益于当年的天气条件极佳，酒的质量非常高，是贵腐酒中的极品，极具收藏价值。对德国的莱茵高地区来说，2009年又是一个卓越的年份，在夏季和早秋季节，德国都有非常理想的天气。

在9月中下旬，莱茵高地区的天气一直保持晴朗，这为贵腐菌的生长提供了绝好的条件。此时的葡萄大部分都已经成熟，在贵腐菌的感染下葡萄慢慢脱水，由金黄色变成红褐色，内部的糖分含量变得更加浓缩。感染上贵腐菌的葡萄通常样子与腐烂的葡萄很相像，因此，贵腐甜葡萄酒的采摘全部由人工进行，以精确鉴别贵腐菌葡萄和腐烂葡萄。大约在10月上旬左右，当第

图 10 天墅王道

一批贵腐菌感染的葡萄达到要求后，这些有经验的工人就会来到葡萄园，逐串逐颗的采摘已经充分被贵腐菌感染的葡萄。采摘的过程称得上是个工艺活，工人们在采摘的时候需要凭经验挑选合适的葡萄串，同时，每一串葡萄也要进行逐粒的挑选，确保采摘的每一粒葡萄都是“Noble”。因此，这种人工采摘工作比一般的采收工作更具技巧性，耗费更多的时间。为了保证感染贵腐菌葡萄的质量，贵腐葡萄的收获要分 3 到 4 个批次，有的年份甚至分为 10 次之多，整个贵腐葡萄的收获过程一直持续到 12 月份。

葡萄采摘完运回工厂之后，就可以开始一系列的酿造葡萄酒的流程了。运回的葡萄需要进行再一次的人工挑选，以确保去掉那些质量不好的葡萄。接着对贵腐葡萄进行压榨，酿制贵腐酒非常关键的一步操作是对葡萄的压榨，压榨的葡萄汁的品质直接决定了葡萄酒的品质。压榨过程必须非常缓慢，用力但不能搅碎葡萄，所以酿酒师需完全凭借经验来调节压榨机的压力。由于葡萄被贵腐菌侵蚀后，里面的水分大部分被蒸发，因此大约一棵树上采摘的贵腐葡萄才能压榨一杯贵腐葡萄汁。

在葡萄酒的酿制过程中，防止葡萄汁被氧化是酿酒师特别注意的一个问题，氧化过后的葡萄酒会变得异常的酸，严重影响葡萄酒的口味。因此，压榨后通常会用 SO_2 进行处理。同时对压榨汁进行澄清，通常采用的是自然常温澄清 24 小时。

发酵是生产酒类必备的一步，对天墅王道贵腐酒的质量影响巨大。在这个过程中，葡萄汁中的糖将会在酵母的作用下慢慢发生化学反应生成酒精，葡萄酒口味的变化会特别的明显，如何在发酵过程中控制发酵的时机，使得葡萄酒的甜度和酸度的完全结合充分展现了酿酒师的酿酒技术。发酵过程中，影响最重要的元素就是酵母。天堂酒庄的酵母完全来自大自然，这与他们亲近大自然的酒庄文化不谋而合。在每一片葡萄园里，都有着自己特殊的酵母菌种。通常可以将菌种分成两类，一类可以将糖类很快的分解成酒精，但往往会失去葡萄汁的香味；

另一类转换糖类的速度缓慢，但可以大量保留葡萄汁的香味。

通过长久的研究与实验，蒙格克鲁格的祖辈终于发明了一种特殊的酵母培养技术，能够培养出优秀的混合菌种，并一直传承到克劳斯这一代。这种特殊的菌种培养使得天墅王道贵腐酒既能在发酵中很好的控制甜度和酸度的平衡，又能很好地保留因贵腐感染而产生的复杂的香味，使酒具有立体的口味。

然而，要想生产一款品质超高、口味独特的优质葡萄酒，仅仅做到这些还远远不够。天墅王道贵腐酒是属于甜葡萄酒一类，因此在发酵过程中，酿酒师必须合理地控制发酵的时间，以便提前终止发酵的过程，从而保持酒内糖的含量。通常的做法就是在发酵过程中加入 SO_2，这不仅能终止发酵，还能杀死剩余的酵母，使得发酵的过程更加完整的结束，进入下一个阶段。

贵腐酒的陈酿是一个非常缓慢的过程。陈酿分为桶中陈酿和瓶中陈酿。其中，橡木桶陈酿能够将橡木中的一些化学物质溶解到酒中，增加酒的香味。葡萄酒在橡木桶中的陈酿时间主要根据葡萄酒的特性和风格来决定，应避免陈酿时间过长，导致橡木味盖过葡萄酒原有的香味，所以一般橡木桶的陈酿时间在 5 年左右。贵腐甜酒由于糖分高，所以能够陈年很久，天墅王道贵腐酒一般会陈年 10 年以上再出售，有特别好的年份的贵腐酒甚至陈年了将近 20 年，经过岁月的沉淀，酒的口味会产生细腻的变化，使品尝起来的口味特别，回味无穷。这些酒的储存条件非常严格，酒庄有一个专门储存高档葡萄酒的酒窖，设置条件要精确到恒温、恒湿、通风避震、避光的条件，保葡萄酒在精心呵护下慢慢成熟，并保持丰富细致的风格与口味。

四、自然的种植生态理念

蒙格克鲁格家族是戴德斯海姆这个葡萄酒小镇上历史最为悠久、生产规模最大的酒庄。家族的葡萄酒一直以来都保持着优秀的品质，而这与体现家族与自然和谐相处的理念是分不开的。只有尊重自然、利用自然的力量再加以精湛的工艺，才能为世界各地的葡萄酒爱好者献上一杯高品质的佳酿。

图 11 荷尔蒙驱虫剂

荷尔蒙驱虫剂

在蒙格克鲁格的葡萄园里随处可见一种咖啡色的塑料小物件挂在葡萄树枝上，令人意想不到的是它们是一种非常有效的驱虫剂。该款驱虫剂是 BASF 公司研制的，蒙格克鲁格家族在 20 世纪 80

年代就成了这一产品的首批使用者。这个小物件里面充满了昆虫的雌性荷尔蒙从而可以吸引很多雄性昆虫，这些雄性昆虫在周围飞舞并完成授粉之后，发现其实并没有雌性昆虫，便会飞走。因此这种驱虫剂在有效驱虫的同时又是绿色的，不会对葡萄藤产生任何化学或物理上的损害。但是这种荷尔蒙驱虫剂的缺点是，相比于传统的化学驱虫剂其价格要贵几倍。然而这样的驱虫剂无疑更适合于家族自然种植的生态理念。

香草

在每株葡萄树的底部都围绕着许多不同颜色的附着于地面的植物，俯下身靠近一闻还有各种不同的香味。这些都是各种香草植物，如洋甘菊、金盏花等。家族成员们认为这些香草和药材类植物能够对他们的土地和葡萄树产生有益的影响。这些香草植物会将有益的物质和香气散发到空气与土壤中，从而有利于葡萄树的健康。这其实与我们的中医理念十分相似，与西医的头疼治头脚疼治脚不同，中医更强调建立一个良好的身体机能，从而在根本上消除致病的因素。这些香草大多可入药，它们不仅能给土地注入更多的味道从而使得葡萄具有更多的风味，而且可以使葡萄树更健康，从而能更好地抵御虫害。在 2013 年日本飞虫在该地区爆发的时候，镇上其他酒庄都遭受了平均 30% 的损失，而天堂酒庄依然获得了大丰收。使葡萄树具有更强的体制和抵抗力的确能起到事半功倍的效果。

两头猪与十二只鸡

走进位于天堂酒庄的葡萄园，你会发现在葡萄园里住着两只可爱的小猪以及一群鸡，它们是葡萄园的正式员工，它们的存在可帮了工人们不小的忙。由于葡萄树之间的间隙很小，因此用于松土的大型机械设备无法开进葡萄园，于是这些可爱的小动物们在自由闲适地散步时，就可以起到很好的松土效果。不仅如此，当它们饿了的时候便可以把葡萄枝上掉下来的坏果子吃掉，产生的粪便正好可以作为肥料，可谓一举多得。

玫瑰防火墙

在葡萄种植园的周围种着一圈茂盛的玫瑰花，这些玫瑰花可不是为了美观而种植的，它

图 12 正在葡萄园觅食的猪

图 13 玫瑰防火墙

们具有更强大的功能。葡萄是一种非常脆弱的植物，在生产过程中会受到很多病菌的感染，而这将会给家族带来极大的损失。

蒙格克鲁格家族在好几代人前就开始种植玫瑰来帮助防御病虫害。这种做法的逻辑在于，玫瑰花和葡萄一样也会受到不同病虫害的侵袭，经过几代人的经验积累，家族成员发现在周边的玫瑰花更容易受到病虫的感染，受到病虫害感染之后的两周，葡萄才会开始受到这类病虫侵害。因此，只要当工作人员发现玫瑰发生了病虫害之后，他们就会利用这两周的时间差采取必要的措施来保护中心内圈的葡萄。当然，解决病虫害还有很多其他办法，最常见的就是喷洒农药，然而蒙格克鲁格家族的这一做法简单、有效而且不会对葡萄及周围环境带来任何的负面影响。

剪枝与弯枝技术

每年冬季，工人们都要对葡萄树进行修剪，为来年的种植做好充分的准备。对于每一棵葡萄树，工人们都会精心挑选出最健康的枝芽，将其余的枝芽剪去，因此，每年的葡萄都是生长在最为健康的枝芽上。对于保留下来的枝芽，工人们还要进行弯枝，仔细地把树枝完成一定的弧度并加以固定。这样的弯枝操作是为了在很冷的气候里也可以将土壤中的水分输送到葡萄枝的顶端，为来年的葡萄生长储存水分。这样一个简单的操作，使得对于葡萄树的灌水量减少，在保证树的水分供给的情况下有效地节约了能源。

从上述介绍中，我们发现家族对于自然的尊重在许多方面得到了体现。充分利用自然的力量而最低限度地使用化学药物来种植葡萄使得蒙格克鲁格家族的葡萄健康而品质优秀。更为重要的是，在获得高质量葡萄的同时并没有对环境造成伤害，反而帮助改善了周围的环境。这是家族在几百年的时间范围内一直出产高品质的葡萄酒、家族品牌广为流传的重要因素。

第六章 中国葡萄酒企业案例：张裕葡萄酒公司

一、历史上的张裕

张裕葡萄酒公司的创立

1871 年，爱国华侨张弼士在雅加达应邀出席法国领事馆的一个酒会，一位法国领事讲起，早年间曾到过中国的烟台，发现那里漫山遍野长着野生葡萄，用随身携带的小型制酒机榨汁、酿制，酿好的葡萄酒口味相当不错。张弼士顿时听进心中去了，想着如果有机会就到烟台开个葡萄酒公司，酿出中国产的葡萄酒。1891 年，张弼士回国后多次到山东烟台进行实地考察，发现这个地方的地理纬度和气候条件，与法国波尔多大致相同，具备种植酿酒葡萄和酿造葡萄酒的天然条件。第二年，张弼士拿出 300 万两白银，创办了中国历史上第一个葡萄酿酒公司——张裕酿酒公司。

图 1 张弼士

张弼士在之前办的实业公司名前均冠以“裕”字，寓意富足，昌盛。而在创办张裕葡萄酒公司时，将“张”字置于前。只因张裕是张弼士在国内创办的第一个企业，极为重视。张裕建厂之初，张弼士从西方引进过120多个葡萄品种，并且在烟台市的东西部，各买下一座青山，开辟成葡萄园。东山葡萄园依山傍海，西山葡萄园日照充足，张弼士就在这两个葡萄园中培育引进的葡萄和进行早期的葡萄插枝。

葡萄引起移植

成立葡萄酒公司，首先要解决的是酿酒葡萄的问题。于是，张弼士一开始从美国购进2000株葡萄作为尝试，不料，这些葡萄结出的果实极少，生长出来的葡萄果实糖度也不够，还没等到收获的时间，就已经腐烂过半。原料不足，完全没有办法生产葡萄酒，情急之下，1897年，张弼士又从欧洲购回了64万株多达120品种的葡萄救急。

经过半年，引进的葡萄品种抵达烟台，工人们将这些葡萄奉为救命稻草，视若明珠，精心呵护。但这些草木贵族比想象的更加脆弱，栽种之后不久出现大面积的死亡，只成活了两三成，看上去还弱不禁风，随时都可能枯掉。经过多次种植失败的折腾，张裕的园艺师总算悟出了一点道理，这些外来引进的葡萄根部遭受了虫害，才导致大量的死亡。欲除这个病症只有另行寻找接根葡萄。五万株接根葡萄很快运到，嫁接后果然不负众望，成活率高达十之八九。谁知天意难测，不到三年，大面积枯萎噩梦般出现，葡萄还没生长出来树就枯萎了，但大伙就是找不出症结所在。

就在众人苦思冥想、束手无策的时候，张弼士提出了一条改变命运的疑问，大面积的枯萎会不会跟葡萄种植土壤的土质有关呢？既然这里的土质栽不活外来葡萄，能不能在本地再次寻找接根的葡萄？后来被证明这个疑问救了张裕，救了中国葡萄酒产业。

于是派人去东北寻找野生山葡萄回来种植。第二年把洋葡萄与之嫁接，第三年就可以移到大园。这段中外结合的姻缘美好得出人意料，生下的“混血儿”简直无可挑剔，糖度高，色素好，抗虫抗病抗寒。这些葡萄的成功引进，告别了中国缺乏优质酿酒葡萄的历史，其影响历经一个世纪而不衰，堪称中国葡萄种植的一次革命。目前，在国内栽培的90%以上的酿酒葡萄品种都是由张裕最初引入中国并选育的。

三易酿酒师

中国从唐朝开始就有“葡萄美酒夜光杯”的赞美诗句，但谁曾想，到了宋朝，真正的葡萄酒酿造法就已经失传了。众所周知，酿酒师是酿酒艺术的灵魂，虽然张弼士在盛宣怀等名流大臣的鼎力相助之下创建了葡萄酒公司，但也面临着一个更大的难题，没有精湛技术的葡萄酒酿酒师。张弼士创办张裕公司时，翻遍了古籍都找不到酿酒之法，只好另辟蹊径，聘请国外酿酒师。

1893年，外国的朋友举荐了一个叫俄林的英格兰人，据说很有名气。张弼士若获至宝，当即与其签下二十年合同。但俄林因牙痛就医不幸感染去世，这样，张裕不得不另请其他的酿酒师。不久，张弼士经德国医生推荐找到一位荷兰人，名叫雷德勿，说是荷兰皇家酿造学校毕业，但一时又拿不出文凭。后此人请了荷兰银行大班(总办)居间说合，张弼士也就默认同意了。

可雷德勿的技术实在无法恭维，样酒发酵不好，酒力强度总是差些火候。恰好这时一个倔强的外国老头辗转打听找上门来，口口声声要见雷勿德，原来此人是雷德勿的叔父。这雷勿德从来没学过酿酒，对葡萄酒只是略知皮毛。因欠了叔父的钱逃到此处，如今居然跑到张裕门下堂而皇之地酿起酒来。张弼士这才如梦初醒，于是冷冷一笑，一纸文书打发他回乡看大风车去了。

图 2 巴保男爵

直到 1896 年，身为奥匈帝国驻芝罘 (烟台旧称) 领事馆的副领事马克斯 • 冯 • 巴保男爵毛遂自荐，来到张裕，成为张裕第一代酿酒师。

这位巴保男爵是奥匈帝国的名门贵族，还出身于酿酒世家。其父是欧洲名噪一时的葡萄酒专家，发明了“克洛斯特新堡糖度表”，今天的奥地利依然采用这个标准来划分葡萄酒等级。早年巴保的父亲由奥匈帝国皇帝招到维也纳，请他想办法遏制席卷奥匈帝国的葡萄园根瘤蚜灾情，并于 1860 年创办克洛斯特新堡葡萄酒学校。

巴保男爵就在父亲的学校学过酿酒，还持有奥匈帝国颁发的酿酒证书。身为奥国驻烟台领事馆副领事，雪白的西装、文雅的举止，处处流露着良好的风度和教养，一望便知非雷德勿之辈可比。或许外交官的生活悠游自在，这位酿酒世家出身的贵族子弟时常有些技痒，张裕公司与他的领事馆近在咫尺，刚好为他提供了大显身手的良机。

巴保果然出手不凡。进入张裕后，他与张弼士的侄子、张裕总经理张成卿一道，从欧洲引进葡萄苗，督建地下大酒窖。他主持酿造的红玫瑰、白玫瑰、樱甜红、高月白兰地、夜光杯、佐谈经、琼瑶浆等 15 个品种的葡萄酒产品工艺各异，个性鲜明，很快风靡一时。张裕在 1915 年巴拿马太平洋万国博览会上夺得金奖的张裕可雅白兰地、琼瑶浆 (味美思)、红玫瑰葡萄酒、雷司令，都凝聚有巴保男爵的心血。

巴保在张裕一口气干了十八年，直到 1914 年第一次世界大战爆发才奉命回国。为纪念巴保所做贡献，张裕将新疆酒庄命名为新疆张裕巴保男爵酒庄。

继巴保男爵之后，后来又有来自意大利的巴狄士多奇等多位西洋酿酒师效力张裕。1931 年，在巴狄士多奇的带领下，张裕酿出了中国第一款干红 —— 解百纳。

如今张裕已拥有国际一流水平的中外酿酒师团队 100 余人，包含中外著名的酿酒师人才，传承百年酿酒传统，融合中西酿造之精华，为消费者呈上风格迥异的葡萄酒。

建造地下酒窖

酒窖，是培养顶级葡萄酒的殿堂。不少有着悠久历史的知名酒庄往往都会有一个古老的葡萄酒窖相伴。那里贮藏着价值连城的葡萄酒，在恒久的时光流逝中不断凝聚神奇的生命力量。位于黄海之滨的张裕百年地下大酒窖，窖深 7 米，距黄海海岸不足百米，低于海平面 1 米，是世界上独一无二的海滩下的酒窖。这座始建于 1894 年的大酒窖，现在已经成为中国现代葡萄酒酿造史的一个文化地标。

为了酿造优质葡萄酒，1894 年，张弼士决定建造地下大酒窖，选址在烟台海岸边。由于储藏葡萄酒的酒窖在温度、湿度等各方面有着严格的专业要求，张裕先是请了荷兰人雷德勿设计酒窖，由张弼士的侄子张成卿督办。

在海岸边兴建大型建筑对于当时的人们来说还是第一次，而且还是建地下酒窖。由于距海不足百米，土层为沙质，大酒窖第一次建造开工不久就因渗水而坍塌。张成卿又与来自奥地利的酿酒师巴保男爵一起，决定采用铁梁拱连、钢砖砌墙对酒窖进行改建，但这些铁梁钢砖却难以承受潮湿的环境，锈蚀程度日甚一日，最终毁于 1903 年 5 月的一场洪水。

面对两次失败，张成卿集思广益，最后采用中西结合的办法。酒窖顶部用中国传统烧制的大青砖发碹；墙壁用上吨重的大青石砌成，墙体内再以碎砖、沙石填充。同时再采用当时的“舶来品”洋灰（水泥）扎墙缝、抹墙面，使窖体异常坚固且平滑；蜿蜒而下的螺旋梯亦用永不锈蚀的石条所造；窖体内外又设计了巧妙的隐蔽排水系统，确保不渗不漏。

结合了中西建筑的智慧，张裕地下大酒窖历时 11 年经三次改建，终于在 1905 年大功告成。作为中国史上首个葡萄酒地下酒窖，张裕百年酒窖占地面积 2666 平方米，窖深 7 米，有 8 个纵横交错的拱洞，犹如迷宫。酒窖内四季保持约摄氏 14 度的恒温，湿度为 75% 左右。更堪称奇迹的是其整体方位北距海岸不到百米，低于海平面一米之多，却能坚如磐石、固若金汤，是世界上独一无二的“海滩边的酒窖”。

张裕葡萄酒金质奖章

张裕的优质葡萄酒，在与欧洲的葡萄酒的同场竞技中也绝不逊色，依旧取得了良好的佳绩。1915 年巴拿马万国博览会（世博会前身）上，初出茅庐的张裕以独特的风味，一举击败了众多欧洲老牌葡萄酒，夺得 4 枚金奖，谱写了中国葡萄酒的传奇，被美国报章评论为“最不可思议的事件”。

西方人士对中国的茶叶、瓷器、丝绸早已

图 3 张裕地下大酒窖

图 4 巴拿马金质奖章

耳熟能详，但对中国的葡萄酒还满怀疑虑。在展览时，没有人对张裕的葡萄酒感兴趣，张裕的展台前一整天也基本见不到人。一天，面对冷冷清清的展台，张弼士决定主动出击。他倒了一杯张裕可雅白兰地，向一位名叫莫纳的法国商人走去。莫纳先生漫不经心地摇晃着酒杯，不料那琥珀色液体弥漫出的酒香扑鼻而来，令他十分惊讶。泯上一口，醇厚的味道使他更觉陶醉。于是，开始询问酒的产地，了解中国葡萄酒的情况。

1915 年 5 月，博览会达到高潮。大会成立高级审查委员会，由美国出任会长和副会长，书记分别由美国、澳大利亚、阿根廷、荷兰、日本、古巴、乌拉圭以及中国代表出任。其后又成立了由 500 人组成的审查官组织，中国有 16 人参加。8 月，评审工作接近尾声，张裕的可雅白兰地、红玫瑰葡萄酒、琼瑶浆(味美思)和雷司令白葡萄酒分别获得甲等大奖章和 4 枚丁等金牌奖章，并获得最优等奖状。巴拿马万国博览会对参赛物品的选择，可谓是精益求精、一丝不苟。张裕葡萄酒能够一举夺魁足见其名贵。

中国第一代酿酒师张子章

在张裕的 120 年历史中，酿酒师们都留下了不可磨灭的功劳，而其中的三位则在承前启后的交替中完成了中西观念与技艺的融合。在巴保担任张裕第一任酿酒师期间，张弼士已经考虑到为张裕培养自己的本土酿酒师。张子章就是被张弼士选中的亲自培养的第一位酿酒师。将其送到烟台法国学校学外语，张子章毕业后于 1909 年进入张裕，拜巴保为师，跟随其学习技术。

图 5 第一代中国酿酒师张子章

张子章与巴保共事近 5 年，巴保在酿造的东方风味的味美思 (Vermouth) 中添加了肉桂、豆蔻、藏红花等十几味中药材，参照的是中国的传统药酒工艺，这其中显然不能忽略张子章等中国技师贡献的才智。

1914 年，第一次世界大战爆发，巴保奉命回国。张子章成为张裕第一代酿酒师，也是张裕的首任中国酿酒师。张子章引领张裕在融会国外酿酒理念的基础上更进一步本土化，同时让张裕的本土化酿酒成果得到进一步的国际认可。可雅白兰地和雷司令等在巴拿马博览会赖以成名的葡萄酒在张子章的主导下继续生产。

在担任酿酒师时期，张子章还从事玫瑰香葡萄酒的试酿并取得成品。还跟酒庄的第三任酿酒师巴狄士多其进行合作，共同研究提高张裕的金奖白兰地的品质，取得了非常好的效果。

二、张裕葡萄酒公司的现状

改革开放以后，张裕集团全称烟台张裕葡萄酿酒股份有限公司，也称张裕公司、张裕葡萄酒公司，已由单一的葡萄酒生产经营企业发展成了以葡萄酒酿造业务为主，集保健酒与中成药研制开发、粮食白酒与酒精加工、进出口贸易、包装装潢、机械加工、交通运输、玻璃制瓶、矿泉水生产等于一体的大型综合性企业集团，集团下主要包括烟台 — 卡斯特酒庄有限公司、北京张裕爱斐堡国际酒庄有限公司、辽宁张裕冰酒酒庄有限公司和新疆天珠葡萄酒业有限公司四个全资子公司和一个参股公司廊坊喀斯特 — 张裕酒业有限公司。每个子公司分别负责不同品牌葡萄酒的所有生产及销售业务，包括葡萄种植、葡萄酒生产加工等一系列葡萄酒生产相关的主营业务。

战略布局

随着葡萄酒在国内日益风靡，张裕集团将公司的发展重点放在了葡萄酒生产的未来发展上。为了获得国内的葡萄酒市场，同时也希望在国际葡萄酒市场上占得一席之地，张裕公司领导层精心策划，制定了一系列的战略方针，其中包括布局葡萄生产基地、兴建酒庄、开发全面的葡萄酒产品结构、培养新的酿酒师团队，构建新的销售渠道等，这些战略的制定和实施使得张裕在葡萄酒、白兰地和保健酒销售方面取得了不错的业绩。

作为一家酿酒超过一个世纪的百年老店，张裕深深明白葡萄原料是酿造优质葡萄酒的重中之重。因此，张裕公司派出专业团队，积极考察国内地区的气候、土壤等自然条件，在此基础上，在国内布局了六大葡萄生产基地，分别是山东烟台基地、新疆石河子基地、宁夏贺兰山东麓基地、陕西泾阳基地、辽宁桓仁基地和北京密云基地。在各个基地的周围，张裕建立高档葡萄酒酒庄，负责葡萄酒的生产和储存，计划在国内布局十大酒庄，目前已经开业六个，还有两个尚在建设当中。

张裕公司在产品上面布局也非常全面，种类涵盖冰酒、甜酒、干红、干白、白兰地等多个种类，同时涵盖高中低端各种等级的葡萄酒，张裕根据新建的葡萄酒质量评价体系将生产的葡萄酒分为“大师级”“珍藏级”“特选级”和“优选级”四个等级，适合不同层次的消费者，“低档酒占市场、中档酒赚利润、高档酒树形象”是张裕打开并占据国内市场的手段。

在人才培养战略上，聘请国内首批酿酒专业人才李记明博士担任葡萄酒公司首席酿酒工程师，组建新一代的酿酒师团队，积极引进招聘高水平的葡萄酒种植和酿制方面的专业人才，在实践中逐步培养、磨合、提升，使张裕的酿酒师团队既有扎实的理论水平，又有较强的实践技能。

六大产区、八大酒庄

张裕公司自从卡斯特酒庄成立的那天起，就已经制定好了走高端战略的酒庄酒占领中国市场的战略构想。到目前为止，张裕已经建成了包括烟台卡斯特酒庄、北京爱斐堡酒庄、辽宁黄金冰谷冰酒酒庄、陕西瑞纳城堡酒庄、宁夏摩塞尔十五世酒庄和新疆巴保男爵酒庄六个酒庄，可雅白兰地酒庄和丁洛特葡萄酒酒庄仍在建设当中。不同的酒庄分别根据自己所处地理位置和气候的特殊性种植适合的葡萄品种，生产适合自己特色的葡萄酒。

张裕卡斯特酒庄位于烟台经济技术开发区北于家，是中国首家集葡萄酒酿造、旅游观光、休闲娱乐多功能于一体的现代化、专业化酒庄。酒庄严格遵循国际高端酒庄建设的3S原则，大海(SEA)、沙滩(SAND)和阳光(SUN)，严格遵循法国传统工艺酿造高端酒庄酒。酒庄整体设计采用欧式庄园风格，兼纳中欧建筑的精华，其中广场及室内装饰、专业品酒室均出自法国顶级建筑设计师、法国建筑协会会员马塞尔米兰达(Marcel Mirand)之手。整个酒庄由8300平方米的主体建筑、5公顷的广场及葡萄品种园以及135公顷的酿酒葡萄园组成，占地总面积140公顷，气势恢宏。其中的葡萄种植园主要种植5种酿酒葡萄的品种，包括蛇龙珠45公顷；赤霞珠45公顷；梅鹿辄15公顷，烟七三15公顷。酒庄优越的自然条件和栽培措施保证了各葡萄品种充分成熟，并获得优良的质量。酒庄现有地下大酒窖总面积2700平方

图6 张裕卡斯特酒庄一角

米，深4.5米，总体划分为三个贮藏区：瓶式发酵起泡酒贮区、葡萄酒(干红、干白)贮区、特种酒(特级甜葡萄酒、高级冰酒)贮区。酒窖配备从意大利进口的添酒机、洗桶机用于橡木桶的添酒清洗等精细化管理，设备达到国际先进水平。酒窖常年温度12℃～16℃，湿度75%~85%，保证了所贮藏的各种酒的充分酝酿和缓慢成熟。

北京爱斐堡酒庄位于北京市密云县巨各庄镇，是由烟台张裕集团融合美国、意大利、葡萄牙等多国资本，占地1500余亩，投资7亿多元。酒庄总占地1500余亩，其中建筑面积400亩，葡萄园1100余亩。酒庄土壤为砂砾结构土质，土质以片麻岩类风化物为主，土质中富含石灰质的砾石混合土壤，矿物质含量极其丰富。产区地属大陆冷凉性气候，日照时数高，昼夜温差大，在葡萄成熟的前一个月几乎无降水，极佳地促进了葡萄营养和糖分的积累，大大提高了葡萄的成熟度。产区选用赤霞珠脱毒苗木，欧亚种，原产地法国，是世界著名的酿酒品种。1892年张裕公司首次从西欧引入，现为我国广泛种植的红葡萄品种之一。酒庄生产的经典的葡萄酒品种主要是赤霞珠的大师级、珍藏级、特选级。

辽宁黄金冰谷冰酒酒庄坐落于有着“东方安大略省”之称的辽宁桓龙湖畔，由张裕与加拿大冰酒出口量最大的奥罗丝公司联手打造。该酒庄拥有全球最大的5000亩冰葡萄种植园，产能可达1000吨，占到全球冰酒产量的一半。酒庄地处北纬41度，可在适当时机确保零下8℃的严寒环境，是种植冰葡萄的绝佳地带；所处长白山余脉，海拔380米，葡萄园依山傍水，缓坡向阳，十分有利于形成夏季温暖但昼夜温

图 7 北京爱斐堡酒庄城堡

图 8 新疆巴保男爵酒庄城堡

差大、冬季寒冷但不干燥的湖区小气候，尤其是在12月上中旬，对葡萄在零下8℃的自然条件下冰冻超过24小时具有充分的保证，确保每年都有冰酒的产出，这是加拿大冰酒产区尼亚加拉湖区也难以企及的优势。2009年9月，张裕黄金冰谷冰酒酒庄被无限期授予“桓仁冰酒”原产地标识的独家使用权，为唯一拥有该地理标志产品专用标识使用权的酒庄。酒庄葡萄园种植的葡萄为威代尔，生产的葡萄酒根据葡萄的质量依次为张裕黄金冰谷酒庄黑钻、蓝钻和金钻。

宁夏摩塞尔十五世酒庄位于银川市高新技术开发区，由烟台张裕公司投资6亿元兴建，是一个集葡萄种植、高档葡萄酒生产、葡萄酒文化展示、葡萄酒品鉴、会议接待和旅游观光于一体的高档综合型庄园。酒庄占地1300亩，其中葡萄园1000亩。年酒庄酒生产能力1000吨。酒庄主要种植葡萄原料为优质赤霞珠，爱美乐等，这些优质葡萄经过发酵工艺精心酿制，在法国橡木桶中陈酿，酒窖瓶储形成一种高档的葡萄酒，宁夏摩塞尔十五世酒庄干红，该酒为深宝石红色，香气浓郁，醇香和橡木香协调，

图9 宁夏摩塞尔十五世酒庄

滋味醇厚平衡，酒体丰满，结构完整，风格独特。

陕西张裕瑞纳城堡酒庄位于咸阳市渭城区，由百年张裕投资6亿元建成，酒庄占地面积1100亩，可年产高档葡萄酒3000吨。酒庄采用独有“换桶酿造”技术，用20余种不同产地及不同烘烤程度的橡木桶，使葡萄酒达到更完美的平衡。酒庄主要种植葡萄原料为优质赤霞珠、爱美乐等，酿成陕西瑞纳城堡酒庄干红葡萄酒，成深宝石红色，具浓郁的酒香、和谐的醇香与橡木香气，滋味醇厚、平衡、协调。

以张裕公司第一代酿酒师巴保男爵命名的新疆张裕巴保男爵酒庄坐落于石河子市南山新区，由烟台张裕葡萄酿酒股份有限公司斥资6亿元开发建设。酒庄占地1000亩，规划了面积达5000亩的专属种植基地，以及6000平米地下酒窖，具备1000吨酒庄酒的年生产能力。酒庄特有的戈壁砾石土壤，与赛过波尔多的阳光，使酒庄几乎每年都能产出13.5度的葡萄酒。该酒庄种植的葡萄品种为梅洛、赤霞珠。经过酒庄首席酿酒师、世界葡萄酒大师萨尔维伯爵酿成的新疆巴保男爵酒庄干红酒体丰满、果香浓郁。

酿酒师团队

酿酒师是酒厂的灵魂。酿酒师在酒庄中的地位至关重要，他对葡萄酒的良好感觉决定了葡萄酒的品质和口味，从而奠定了该酒庄酒在消费者心目中的地位。因此，任何一个葡萄酒企业，都应该把酿酒师看成企业的最大财富，拥有优秀的品位和酿造技术的酿酒师是葡萄酒庄竞相寻找的人才。国内葡萄酒的酿酒行业发展还不过一百多年，又经历过战乱和“文革”，酿酒师这个职业发展的并不好，酿酒师人才也

是凤毛麟角。改革开放以后，象征着中国葡萄酒的张裕公司率先进行改革，日益崛起，振兴着中国的葡萄酒产业。随着公司的日益发展，和人民生活水平的提高，对葡萄酒的口味和品质的要求越来越高。为了使生产的葡萄酒能够跟上国际水平，公司也加大力度对酿酒师团队进行培养和发展。

张裕聘请国内外著名的酿酒师，组成强力的酿酒师团队，在张裕的酿酒师团队中有国际酿酒师大家罗斯摩塞尔、诺贝特比舒尼、奥古斯都瑞那等，国内的著名酿酒师有国内第一位葡萄酒博士李记明博士，张葆春葡萄酒研究员等。

截至 2015 年 4 月份，张裕酿酒师团队扩大到了 181 人之多，为了使酿酒师更加专注于酿制特定的葡萄酒，张裕将酿酒师团队分为总酿酒师，酒种酿酒师和关键控制点酿酒师。这样可以使每个酿酒师精确的关注到自己所针对的葡萄酒，精益求精，使其对该类葡萄酒和酿酒工艺更加的了解和熟悉，以便酿制质量更高

图 10 张裕集团酿酒师团队

的葡萄酒。张裕酿酒师领队李记明博士是第一批国内葡萄酒专业博士，带头建立了国家葡萄与葡萄酒微生物与酶工程实验室，带领张裕葡萄酒团队不断学习世界领先葡萄酒酿制技术，在学习和实验探讨中发展提高。

法国和德国是传统的葡萄酒酿制国度，他们葡萄酒酿制过程经历了更长时间的实验和检验，他们在酿制葡萄酒方面更有经验和更加细致。为了提高张裕酿酒师的水平，张裕每年不定期组织酿酒师去欧洲进行实地学习，这些年轻又有才华的酿酒师通常会在欧洲著名的葡萄酒公司(比如桃乐丝、卡斯特等)进行2~5个月不等的学习，他们跟着这些著名酒庄的酿酒师一起酿酒，在实际操作的过程中学习和提高，学习他们先进的科学理念，先进的酒酿文化和先进的酿酒技术。

团队合作，分享知识。快速学习他人的先进经验是提高自己的关键一步。张裕的酿酒师团队会定期进行酿酒技术和知识的分享，将自己在实际酿酒过程中好的方法和技巧在内部进行分享，相互学习，共同提高。

稳扎稳打，脚踏实地。张裕的酿酒师在成为酿酒师之前都在葡萄酒生产的各个岗位工作过多年，正是多年在酿酒岗位上日复一日的工作，使得他们对葡萄酒生产的各个环节都详细了解，这种脚踏实地的作风成为张裕酿酒师身上的一种气质。在他们成为酿酒师之后，他们也会以生产质量上乘的葡萄酒为己任，踏踏实实去做好自己的工作。实践出真知，正是这种长年累月对葡萄酒的喜爱和朝夕相伴，张裕的酿酒师对自己的工作和葡萄酒越来越熟悉和了解，生产出高质量的葡萄酒也越来越多。

葡萄酒培训。张裕先锋国际酒业公司将英国葡萄酒及烈酒教育基金会WEST葡萄酒培训课程引入中国，该培训课程是最受欢迎的葡萄酒培训课程之一。张裕的酿酒师们都需要进修这样的培训课程，该课程聘请国外的世界级酿酒师来授课，不仅从葡萄的种植、酿酒的技术上进行交流，还进行葡萄酒的品酒，葡萄酒文化的传递。随着中国国人对葡萄酒的日益喜爱，张裕葡萄酒学院不仅服务于内部员工，也对社会开放。将国外的葡萄酒酿制技术及文化传入中国，使得国内的酿酒技术跟上世界水平。

酿酒总工程师李记明

李记明博士出生在拥有百年葡萄酒历史的陕西省丹凤县，可以说跟葡萄和葡萄酒有着天然的缘分。早在1911年，意大利传教士安西曼、华国文师徒就在天赋神韵的陕西丹凤龙驹寨创立了“美利葡萄酒公司”，它也是我国建厂最早的葡萄酒生产厂家之一。因此，李记明的上学时间就是在葡萄酒的香味中度过的，对葡萄酒产生了一种莫名的熟悉感。

高考时，李记明考上西北工业大学园艺系果树专业录取。并师从本校贺普超和李华教授继续学习，那时两位教授在西北农业大学创办

图11 李记明博士

国内首个葡萄酒工艺学专业，李记明开始与葡萄酒结下不解之缘。

曾经学过的果树专业课程，夯实了李记明的葡萄学方面的基础。研究生阶段全面接触并系统学习葡萄和葡萄酒知识，在实验室与企业开展的技术研究项目，则进一步提高了他的专业理论水平和实践能力，为他以后从事葡萄与葡萄酒教学、科研、企业管理奠定了扎实的基础。接下来李记明留校任教，教授葡萄酒相关课程。并于 1997 年考取农学博士学位。在西北农业大学任教期间，李记明继续专心研究葡萄酒生产工艺，并经常带领学生到葡萄园和酒厂实习、实验和技术指导，也了解了很多葡萄酒生产的实际经验。

20 世纪 90 年代，国内葡萄酒企业加快了发展步伐，市场竞争也愈演愈烈。然而，各酿酒公司都没有好的酿酒师，因此，李记明等第一批葡萄酒专业的博士成了葡萄酒公司想要招纳的人才。

1999 年 3 月，李记明受聘张裕技术中心副主任，以此为平台，施展自己的抱负。在他的带领下，张裕技术中心攻克多项葡萄酒生产方面的技术难关，先后被认定为省级企业技术中心，国家级技术中心，成为中国葡萄酒行业第一家国家级企业技术中心。

2001 年 8 月，李记明接任张裕公司总工程师，主要负责张裕公司技术、质量与原料基地的管理等工作，同时还担负组建与完善张裕公司技术体系与技术队伍建设等重任。2001 年，他首次将“酒庄”的概念引入中国，并负责张裕卡斯特酒庄的可行性论证与设计工作，主持开发张裕卡斯特酒庄系列产品，填补了我国高档酒的一项空白。

李记明还牵头组建了国家葡萄与葡萄酒微生物与酶工程实验室、设立了中国葡萄酒行业的第一个博士后工作站。他主持研发的国家发改委课题“葡萄与葡萄酒质量安全平台建设”，首次将 RFID 技术应用于葡萄酒从原料到产品全流程质量安全追溯体系中，建立起了与国际接轨的质量安全保证体系。该项目获得中国轻工业联合会 2014 年度科技进步一等奖。该质量安全保证体系的建立使张裕的葡萄酒在品质上更加有保障，得到国际上的认可，也赢得国内同行和消费者的认可。

在李记明的酿酒哲学中，他认为，葡萄酒是种出来的——没有好的葡萄，再优秀的酿酒师也酿不出优质葡萄酒。因此，他积极推动和实施葡萄种植改革，张裕公司建立了“自营型葡萄基地”和“合同型葡萄基地”，并积极推行葡萄园管理的“标准化、机械化、信息化、有机化”，努力保证葡萄原料质量向国际水平靠齐。

除了在质量体系的构建，葡萄种植标准上有很大成果之外，李记明还主持开发新产品和新工艺，其中有 20 多种产品已投入生产，累计产量数万吨。主持研制的“张裕清爽酒”系列、“张裕酒庄酒”系列、“张裕冰酒”系列产品等获得了市场的广泛赞誉，多项产品在国内外获奖。所进行的葡萄酒、白兰地、冰葡萄酒风味成分的研究达到国际先进水平。他所主持完成的张裕葡萄基地管理系统、葡萄收购系统、葡萄酒发酵自动化控制系统、葡萄酒信息化管理系统、葡萄酒陈酿系统、葡萄酒综合质量分级系统等达到国内领先水平。

李记明努力进行葡萄酒技术和标准的革新，努力将国内的葡萄酒的质量提高，达到国际领先水平。在攻克各种疑难问题时，建立起了专业化的技术平台和研发团队，提高了张裕公司的技术水平，也培养了一大批专业的技术人才。这样技术平台和人才才是使国内的葡萄酒产业水平迅速接近国际标准的重要因素。作为这群技术团队的领军人物，李记明对中国葡萄酒业的贡献巨大。他将带领这个酿酒师团队在张裕这个大平台上继续努力，让具有“中国风味”的葡萄酒走向世界，也走向普通老百姓的家中。

三、张裕葡萄酒营销模式

葡萄酒公司不仅需要在葡萄园的基地建设、酒庄布局、葡萄酒品种的开拓上做出努力，同时在葡萄酒的营销上也需要做出很多努力，建立健全的葡萄酒营销网络。进入新的千年之后，张裕葡萄酒公司致力于将酒庄酒引入中国，制定了酒庄酒路线的规划，在产品的定位、销售渠道、产品宣传等方面，张裕也做出了重大的改革，建立了如今的营销模式。

产品方面

目前，张裕公司生产的产品包括葡萄酒、白兰地、香槟酒和保健酒。在 20 世纪 80 年代以前，产品曾以白兰地为主，面对 90 年代开始的葡萄酒热，张裕适时地将重点放在葡萄酒上，并通过

表 1 张裕公司葡萄酒产品分类

酒类	每瓶出厂价格	定位
冰酒	200 元以上	进一步强化高端产品形象，预占冰酒市场份额，提高毛利率水平
酒庄酒	150 元以上	提升产品的高品质形象，扩大企业影响
解百纳	30-110 元	主要的收入和利润来源
高级干红、干白	40 元以上	
普通干红、干白	20 元以上	提高产品铺货率，压制其他品牌的扩张
普通甜酒	10 元以上	占有低端市场和乡村市场，限制其他品牌进入

资料来源：张裕公司旗下官方商城——酒先锋
http://www.jiuxianfeng.com/chateau.htm

新品开发不断提升产品档次。近几年来，公司把干红作为重点，先后推出解百纳、酒庄酒、到中端的普通干红、干白酒到低端的普通酒，各种种类的葡萄酒都有。葡萄酒产品占公司总销售收入的 70%，是公司主要的盈利贡献者。

价格方面

张裕公司是亚洲最大的葡萄酒生产企业，基本是以市场领导者的身份制定价格，采取成本加成的定价法和认知导向定价法，以开拓市场和提高市场占有率为目标。

张裕公司在全国统一实行款到发货，确保资金回笼，无折扣、返利，经销商以价格顺差为利润来源。在过去几年里，张裕产品不断提价，从 2006 年开始，张裕在部分地区将出厂价上调近一倍作为经销商的开票价，从而保证广告和促销费用的投入，而经销商也逐渐演变成真正的“配送商”。这与国内其他二三线葡萄酒品牌不断降价形成鲜明对比。

但是张裕公司在价格管理上还不够完善，没有建立起一个市场价格管理体系。张裕公司部分地区市场的主要销售品种（如干红等）价格长期不到位，跨区域低价格经营现象时有发生，造成经销商无利或微利经营，积极性降低。同一市场不同渠道、同一渠道不同产品多种价格体系并存，管理滞后，没有很好地防止“窜货”现象。

营销网络方面

张裕公司在近几年的市场纷争中，为适应市场的需要，不断变换自己的营销模式，从推行市场的品牌经理制，以期达到四个酒种同步发展的局面；到大区域领导下的分公司经理制，将全国划分为 39 个分公司，目的在于建立一套覆盖全国的销售网络体系，扩大自己的葡萄酒市场份额。目前张裕采取的渠道有如下四条（如图 12 所示）。

张裕现在的经营方式是先款后货，采用前一、二两条渠道产生的销售额占销售总额的绝大部分。第三种渠道中的零售商多半是沃尔玛等这样的大商场、大超市，但在烟台、威海地区已经采取厂家直接控制销售终端的营销渠道模式。第四种渠道指单位团购或购买酒桶酒的顾客直接去酒庄购买，或者公司网上直接销售。张裕公司在选用经销商时，遵循的是强强联合的原则。张裕要求代理商必须具备雄厚的资金实力，强大的网络覆盖能力，既能同张裕公司进行现款交易，控制产品供货价格，又能承担市场终端欠帐所带来的压力。

张裕公司采用三级营销体系，即公司总部 — 分公司 — 办事处。其中，公司总部作为决策中心，分公司作为指挥中心，经销处作为执行中心，各自行使自己的主要职能。总部主要负责制定年度营销计划，全年的广告投入计划和地面促销推广建议，负责公司统一品牌形象的策划、推广和中央媒体的执行，同时负责公司关于品牌、文化、历史、市场等方面的新闻传播及重大公关活动的策划与实施，负责市场终端网络、产品信息、消费者行为、新产品上市、竞争情报等方面的市场调查与研究工作。分公司及办事处负责执行销售公司的政策与策略，负者市场开发、市场维护及经销商的管理，负责所在区域的广告运作、促销管理、终端管理；负责招聘、培训、管理

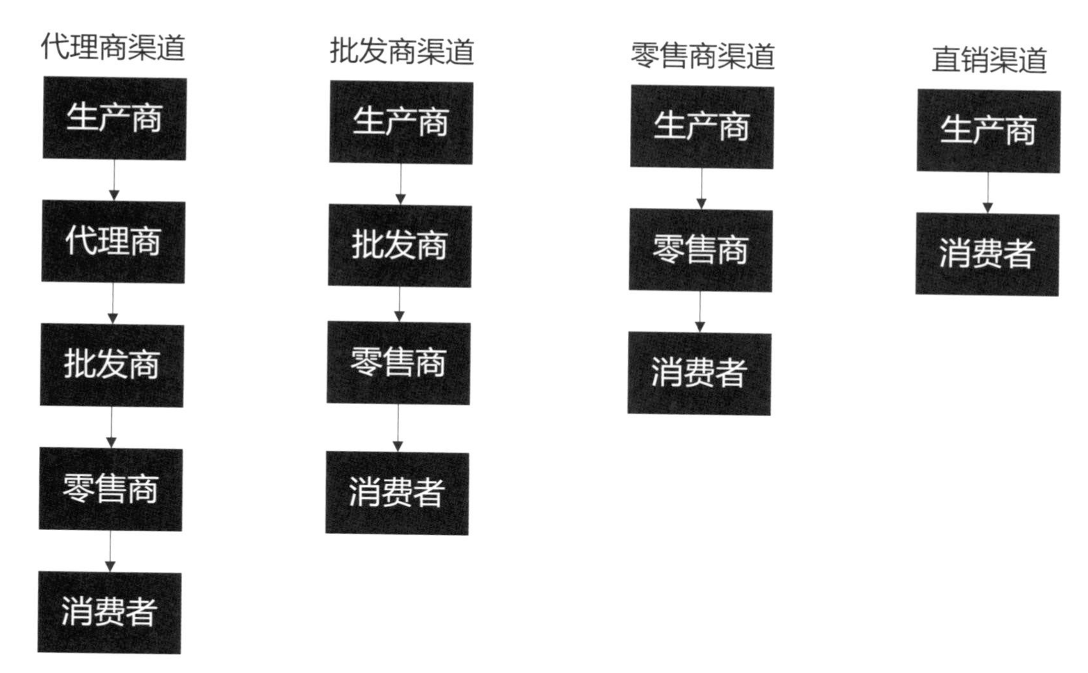

图 12 张裕公司营销渠道

当地外聘业务人员、对异地库进行管理。张裕公司对经销商规模进行控制，增加数量和覆盖范围，对发达的地区要求覆盖到乡镇，对欠发达地区要求覆盖到县。截至 2014 年底，张裕在全国的经销商已经达到 3886 家。同时张裕强调销售效率，对连续两个销售周期没有进货的经销商取消其资格，确保经销商的活跃性。另外，张裕在全国范围内建立了 30 多个异地中转库，加强工厂发货和末端配送的衔接，使业务人员下单到发货周期压缩至两天。同时引进 ERP 系统，把销售人员从单据流程中解脱出来以便专注于市场销售。为了控制葡萄酒销售渠道，2008 年和 2012 年，张裕成立了烟台和威海直销公司，形成渠道与直销共存的局面。截至 2009 年底，张裕已经在全国 29 个省市建立了通畅的销售网络，成为一家全国性的葡萄酒品牌。

张裕除了在线下布局三级销售网络之外，线上也建立了自己的销售渠道。张裕酒先锋网站平台是张裕公司自建的专用葡萄酒销售平台，网站上销售张裕不同酒庄的葡萄酒，价格也是涵盖几十元至上万元不等，酒种齐全，品类众多。除此之外，张裕还与各大网络购物平台合作，在京东商城、天猫商城、1 号店等各大商城均建立了官方旗舰店，方便消费者在购物平台上方便快捷的买到张裕的葡萄酒。同时微信公众平台张裕电子商务也开始进行微商方面的销售。同时成立张裕官方微商平台，发展微信合作商户，通过庞大的微信用户代理来实现葡萄酒的大量销售。

促销方面

与很多折戟沉沙的央视“标王”们相比，张裕的促销、广告显得更加成熟（如表 2），

表 2 张裕公司广告投放渠道

投放渠道	广告目的	广告方式	广告费占比
酒店	针对商务消费者的推广	灯箱、包厢、酒柜陈列、专业杂志、高级促销员	50%
商超	品牌宣传和推广	POP陈列展示、活动促销	30%
名酒行	品牌宣传和推广	POP陈列展示、活动促销	10%
高端会议	强化对特定受众的影响	活动促销	5%
媒体	扩大传播范围	软新闻	5%

其每年投放在 CCTV 等电视媒体的广告费稳定在 5000 万元左右，主要用于产品形象宣传或配合新产品的推出。张裕拥有众多营销平台，葡萄酒博物馆、卡斯特酒庄、葡萄酒俱乐部、先锋酒庄网站平台和《葡萄酒鉴赏》杂志都能积极宣传张裕的葡萄酒，同时这些平台能够很好地与实际生产、销售紧密结合。

品牌营销方面

张裕作为一家百年企业，经过历史的清洗和检验，本身就是一个巨大的品牌。张裕解百纳在中国葡萄酒历史上是一个传奇，它是一款由中国人自己培育的葡萄品种经由中国人自己酿制的一款经典葡萄酒。对中国葡萄酒而言，解百纳意味着世界品质，对世界葡萄酒行业而言，它蕴涵着神秘的东方色彩。2005 年度亚洲最佳酒类评选会中，张裕解百纳干红在红葡萄酒系列位居榜首。作为一款中国产的葡萄酒，如今，张裕解百纳系列已经出口到欧洲 28 个国家，成为首个打入欧洲主流市场的中国葡萄酒品牌。在国内，由于国内消费者而言，张裕解百纳就意味着高档的葡萄酒品牌，张裕的解百纳牌葡萄酒很容易被消费者所接受。

一瓶出产自酒庄的葡萄酒，从它尚以果实状态存在于葡萄园时，它便即已经拥有了独特的血统。张裕就致力于现代专业化酒庄模式打造高端葡萄酒，2002 年建造与法国卡斯特酒庄合资建造中国第一座专业化酒庄，烟台张裕卡斯特酒庄。2007 年，又在北京兴建张裕爱斐堡国际酒庄，张裕在兴建酒庄，提高葡萄酒质量的同时，也在走高端酒庄葡萄酒的品牌路线。随着国内酒庄旅游的兴起，葡萄酒酒庄及酒庄葡萄酒越来越为普通的消费者所熟知。

国酒双雄，白茅台、红张裕，张裕葡萄酒已经成为国宴用酒的必选酒类。北京爱斐堡酒庄的赤霞珠干红和霞多丽干白已多次成为国家领导人宴请外宾的佐餐酒。

四、张裕酒庄酒的介绍和分类

近些年来，张裕通过新产品的开发和产品结构的调整，形成了长度、宽度和深度完整适中、发展均衡的产品线，以及“低档酒占市场、中档酒赚利润、高档酒树形象”的产品结构。

目前，张裕同时生产葡萄酒、白兰地、香

槟酒和保健酒。在 20 世纪 80 年代以前，产品曾以白兰地为主，面对 90 年代开始的葡萄酒热，张裕适时地将重点放在葡萄酒上，并通过新品开发不断提升产品档次。

葡萄酒质量评价体系

葡萄酒在中国发展缓慢，张裕作为中国第一家葡萄酒生产企业，立志做到国内第一的葡萄酒企业，生产高质量、高档的葡萄酒走向世界，与国际知名的葡萄酒品牌共同分享这个葡萄酒市场，将中国的葡萄酒带向世界。然而，我国消费者在葡萄酒方面基础知识匮乏，国内葡萄酒行业对葡萄酒的质量方面的评定体系等不健全，没有一致认可的通用分级体系。导致张裕葡萄酒在国际上的知名度不高，很难得到其他国家消费者认可。作为一家拥有百年历史的“老字号”葡萄酒企业，张裕清楚地意识到，中国葡萄酒企业要走向世界，与欧美传统酒庄相竞争，就必须与国际接轨，建立切实可行的综合质量分级体系。现在国际葡萄酒行业推行两种产品质量分类标准，一是以法国为代表的“AOC”，另一种代表是美国的“AVA”，它们虽然采用的是不同的方式，但实质均是以产品质量为核心的等级制。因此张裕以产品质量为核心，凭借百年经营所累积的丰富经验，依靠现代化管理所掌握的科学方法，制定出一套完备的“葡萄酒综合质量分级体系”。这种分级体系针对葡萄园、葡萄原料、酿造工艺、橡木桶陈酿、调配和瓶贮这六个对葡萄酒质量形成产生关键影响的环节分别展开细致的评估，层层优选，步步把关。张裕公司将葡萄酒产品按照质量高下划分为四个级别，从高到低分别是“大师级”“珍藏级”“特选级”和“优选级”。这个质量评价体系与国内现行的其他分级体系相比，更加全面、成熟、完善。对于级别越高的葡萄酒产品而言，评选环节的标准越严格，通过的难度增大，产量越低。只有在每一个环节都符合高标准，才能最终呈现出均衡、和谐的高品质葡萄酒。在该质量评价体系下，仅 2% 的葡萄酒产品能够获得“大师级”的称号，成为同品种葡萄酒中的极品。

为了在国际葡萄酒市场上获得更多的关注和好评，在完成标准质量评价体系之后，张裕还需要建立葡萄酒的高端品牌，打造在国际葡萄酒市场上更加受欢迎的葡萄酒。解百纳是张裕一直以来的经典品牌，是张裕在消费者心中的名片。张裕在新的质量评价体系下对其进行精进和提高，使之更加获得消费者的青睐。

张裕解百纳

解百纳，这个在世界葡萄酒市场上让中国葡萄酒为世界所认识的品牌，是张裕的骄傲。1937 年，张裕获得当时的“中华民国实业部商标局”商标注册申请的批准，正式注册了“解百纳”商标，取得了注册证书。1959 年再次向中华人民共和国国家商标局申请商标注册并备案，1988 年获山东省优质产品称号，一直到 2001 年获中国优质葡萄酒著名品牌称号，70 多年过去了，张裕公司始终将“解百纳”作为一个品牌和一个注册的商标在使用，拥有着长盛不衰的生命力。“解百纳”名字的由来要追溯到 20 世纪 30 年代，兼任张裕经理的中国银行行长徐望之先生，准备为公司新研制的一款“葡萄酒”研究定名，最后决定秉承张裕创始人张弼士倡导的“中西融合”理念，

图 13 张裕“解百纳”

取“携海纳百川”之意，将这款葡萄酒命名为“解百纳干红”。从那时开始，“解百纳干红”就成了张裕的核心子品牌。

精选的葡萄，精湛的工艺，历史的陈酿造就了张裕解百纳的高贵品质。张裕以蛇龙珠为主要原料，应用独有的系统酿制技术调配出张裕解百纳的独特典型性——香气浓郁，具有典型的胡椒、黑醋栗果实香气，特别是具有一种“雨后割过的清新青草味”的典型气味。张裕解百纳干红的色泽来自葡萄本身。独特的葡萄带皮发酵工艺使发酵后的葡萄酒浸取了葡萄皮中的天然色素，形成美丽诱人的深宝石红色。“解百纳”产品对原料有着极高的要求，其主要葡萄品种是蛇龙珠葡萄，该葡萄品种经过几十年的栽培试验，已经被证明在烟台地区栽培表现最好，这也使得张裕解百纳形成了自己独特的区域特点及口感风味，而在其他地区，由于受地域限制，所生产出来的蛇龙珠葡萄无法酿成如此风格独特的产品。张裕公司在烟台拥有全球最大的蛇龙珠葡萄种植基地，其产量占了烟台地区蛇龙珠总产量的 80%，占了全国总产量的 70%。

张裕解百纳一直见证中国葡萄酒业的发展，推动着世界葡萄酒文化的进步。过去，在高档宴会上，大家看到最多、选用最多的可能是白酒，随着“健康饮酒”概念的滋生和普及，葡萄酒如今已成为酒饮料的新宠。说到葡萄酒，人们必然会谈到高端葡萄酒标志性地区，法国波尔多。波尔多是葡萄酒的王国，这里有世界上最好的葡萄酒。然而波尔多产区的葡萄酒产量有限，进入中国市场的葡萄酒数量更少。中国烟台和法国波尔多处于同一纬度，土地肥沃，气温、日照量、降雨量、湿度都非常适宜酿酒葡萄的生长。葡萄酒的品质首先取决于葡萄质量，随着中国葡萄酒业的发展，烟台在世界葡萄酒城中的地位越来越突出。在烟台葡萄酒城崛起的背后，张裕一直致力于整个葡萄酒业的发展。

张裕卡斯特“酒庄酒”

酒庄葡萄酒象征着传统工艺和高质量、高品位的葡萄酒。所以，酒庄不是以规模和产量取胜，而是以生产高质量的葡萄酒为目标，因此“酒庄酒”也就意味着高档酒。张裕卡斯特酒庄想通过这种高档酒来抢占中国高端葡萄酒市场。一般酒庄酒要符合三个要素：一是在适合种植葡萄的地域拥有属于自己的葡萄种植园；二是所种植树的葡萄不是以商品出售，而是自用酿酒的原料；三是酿造和灌装全过程都是在自己庄园中进行。三个条件缺一不可。

卡斯特酒庄生的酒庄酒主要由两种优质的葡萄品种酿制而成，主要是蛇龙珠、霞多丽。蛇龙珠最早由张裕公司从西欧引进栽培，距今已有100余年的历史，适合酿造陈酿型的葡萄酒。该品种有突出的花香、果香味，在橡木桶中缓慢酝酿成熟后口味会更加柔和，浓郁的香气更能给品酒者留下深刻的印象。酒中新贵霞多丽是世界上酿造优质干白葡萄酒，香槟酒的主要品种。所酿白葡萄酒的香气以锻树花，妙杏仁的香气为主，经苹果酸、乳酸发酵后，会增加一种非常细腻的奶油香味。在优质橡木桶中贮藏1~3年后果香与木香完全融合，香气变得更加雅致、口味更柔顺爽口。

张裕酒庄以其先进的酿酒设备和传统的发酵工艺，加上独特的陈酿贮藏过程，生产出来的葡萄酒受到广大消费者的好评和赞赏。另外，张裕针对消费受众人群的特点对酒的包装进行了相应的定位。凸现了百年品牌的内涵，高品位高质量的包装与葡萄酒相得益彰，提高了酒庄酒的身价，受到更多消费者青睐。

图14 霞多丽干白

卡斯特的酒庄酒主要有霞多丽干白(特选级)、蛇龙珠干红(特选级)等。其中霞多丽干白选取产自2002年移栽的葡萄果树上的霞多丽葡萄为原料。选用健康、新鲜、饱满、成熟均匀着色良好一致的葡萄果粒。葡萄完全成熟采收，手工粒选，采用气囊压榨机低温柔性取汁，然后在法国产橡木桶内陈酿12个月，调配融合3个月，接着在瓶内贮存6个月。酿好的干白酒滋味醇厚、圆润、同时香气细腻、优雅，具有宜人的青苹果、柠檬、桃子等果香。蛇龙珠干红的葡萄同样产自烟台卡斯特酒庄的葡萄园基地，待蛇龙珠葡萄成熟后，人工采摘，进而采用小型不锈钢发酵罐进行接种专用酵母，控制发酵，浸渍，然后选用法国产区中度烘烤的橡木桶陈酿12个月以上，调配融合6个月以上，瓶中存储12个月以上。对酒庄酒来说，除了独特的陈酿过程之外，传统的发酵工艺也使得酒庄酒的酿制过程更加的漫长。

五、张裕生产计划的制定

生产计划是生产运营管理中的核心部分，一方面生产计划能够根据客户的需求和市场的预测来进行制定，保证生产出的葡萄酒能够满足客户的要求:“按期交付、高品质、低成本”;另一方面合理的安排工厂的生产能力，使得工

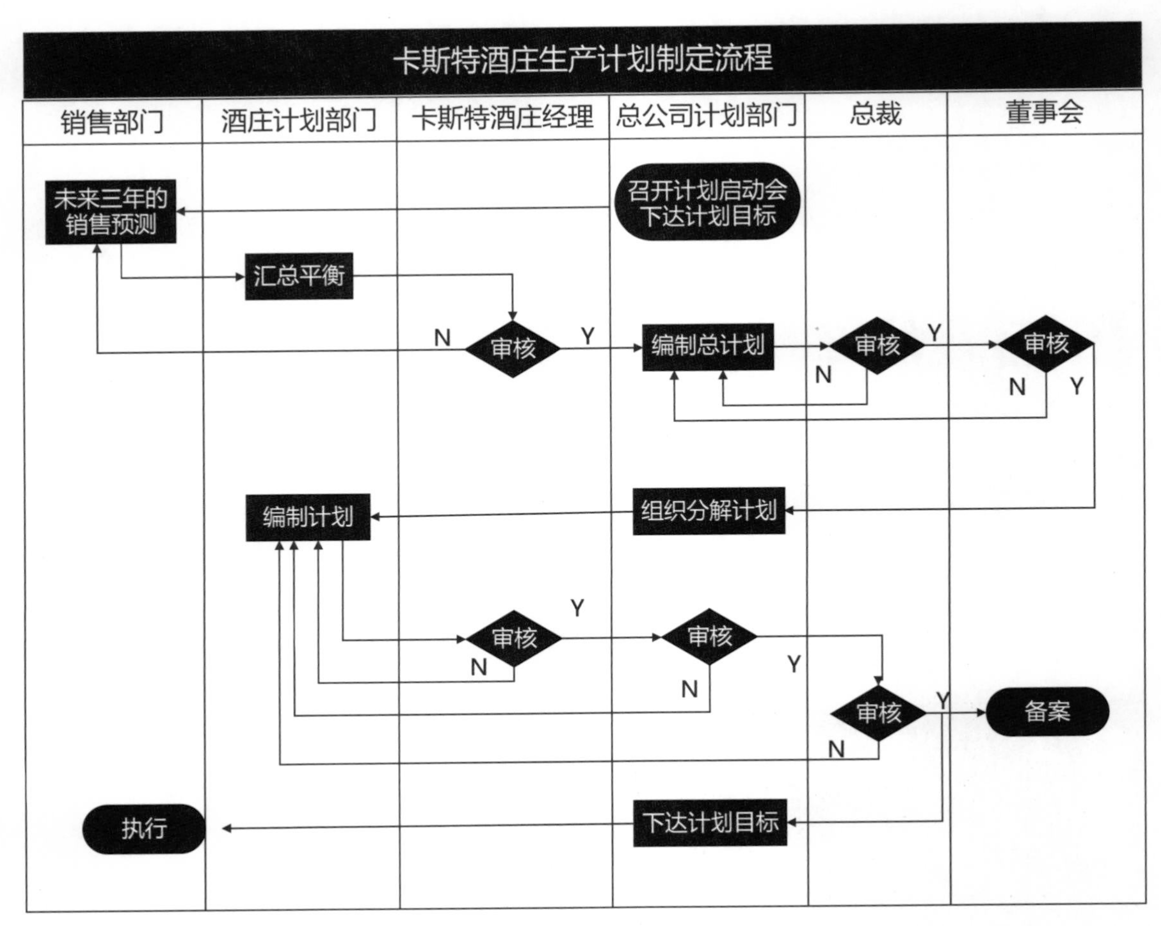

图 15 张裕公司生产计划制定流程图

厂的生产资源利用率得到提高，降低葡萄加工工厂的生产成本，合理安排生产和库存之间的关系。

张裕作为国内首屈一指的葡萄酒行业的大公司，在市场上的葡萄酒销售份额占据了 20%，近些年来张裕在市场上的销售额度也正在不断的上升。面对如此巨大的市场需求，张裕公司每年葡萄酒的生产量也相当巨大，因此对市场的预测和生产计划制定的合理性直接影响到未来张裕葡萄酒在市场上的销售成绩。葡萄酒是时间的产物，特别是对于卡斯特这样的酒庄酒，往往需要长时间的陈酿才能熟成达到市场的要求。一瓶普通的葡萄酒从采摘葡萄到最后装瓶销售至少需要 1 年半的时间。所以，为了能够符合市场的预期，张裕对市场提前预测两三年后的市场需求，即预测 3 年后葡萄酒的市场需求量，然后根据市场需求预测和酒庄的实际生产能力在葡萄收获期进行生产。

如图 15 所示，以烟台张裕 —— 卡斯特酒庄为例，简单的介绍张裕酿酒股份有限公司生产计划的制定过程。在每年的 11、12 月份左右，即该年的葡萄酒生产大部分都已经完成，酒庄生产处于淡季的时候，酒庄开始制定未来一年的生产计划。

(1) 首先，总公司的整个销售部门根据刚流入市场的葡萄酒的受欢迎程度，预测未来三年内市场葡萄酒的需求量。当所有的市场预测完成之后，将这些预测的结果发送到葡萄酒酒庄的生产计划部门。

(2) 由计划部门根据酒庄的生产能力对该预测进行汇总，制定生产计划，接着交由酒庄的生产经理负责审核；如果超出生产能力，则审核不通过，打回原销售部门进行重新预测；如果在生产能力范围内，则审核通过，该生产计划交由集团总公司的计划部门。

(3) 计划部门根据各酒庄的生产计划制定总公司的酿酒计划。

(4) 总计划提交给总公司的领导进行审核，审核通过后移交董事会进行审核，审核未通过打回总公司计划部门再次进行制定。

(5) 董事会对总计划进行审核，审核通过后，交给总公司的计划部门进行计划分解，然后再分解到具体酒庄计划部门进行分解。

(6) 对于分解后制定的计划，进行再审核，审核通过之后，即确定了生产计划，接下来的生产直接按照生产计划来执行。

张裕葡萄酒的计划制定完成后，在接下来的生产过程中，酒庄的生产开始围绕生产计划来进行，从每年的葡萄的采摘到葡萄酒的发酵和酿制，再到橡木桶陈酿和瓶中陈酿，都根据制定好的计划来进行。

张裕高级酒庄瓶装酒是完全按照库存来生产的。卡斯特酒庄拥有巨大的酒窖进行葡萄酒的储存，酒窖总面积 10000 平方米，深 10 米，储酒能力 2000 多吨。酒窖中现有从法国进口的橡木桶 7600 多只。在这些库存的酒当中，瓶装酒是已经生产包装完成且可以直接出售的。瓶装酒是酒庄的缓冲库存，相当于酒庄的备货。橡木桶中的葡萄原酒可以根据需要，由酿酒师将其进行调配成将要卖出的成品酒，保持成品酒的库存不变，使得酒庄既能按照生产计划来进行，又能灵活变化适应市场的需求。

主要参考文献

[1] Keith Grainger,Hazel Tattersall.Wine Production and Quality [M]. Wiley-Blackwell. March 7, 2016.

[2] Wayne Curties. A Bottle of Rum: A History of the New World in Ten Cocktails [M]. Broadway Books. June 5, 2007.

[3] Jancis Robinson. Wine Grapes: A Complete Guide to 1368 Vine Varietues, Including Their Origins and Flavours [M]. Ecco. November 6, 2012.

[4] Alison Crowe. The Wine Maker's Answer Book: Solutions to Every Question [M]. Storey Publishing. March 14, 2007.

[5] Dieter Braatz, Ulrich Sautter, Lngo Swoboda. Wine Atlas of Germany [M]. University of California Press. August 4, 2014.

[6] 李华 , 王华 , 袁春龙等 . 葡萄酒工艺学 [M]. 北京：北京科学出版社，2008.

[7 [法] 欧菲利 · 奈曼，[法] 亚尼斯 · 瓦卢西克斯 . 葡萄酒生活提案 [M]. 刘畅译 . 桂林：广西师范大学出版社，2015.

[8] [奥] 博伊斯 · 金兰 . 酿造优质葡萄酒 [M]. 马会勤等译 . 北京：中国农业大学出版社，2008.

[9] 吕中伟 , 罗文忠 . 葡萄高产栽培与果园管理 [M]. 北京：中国农业科学技术出版社，2015.

[10] 吕庆峰 . 近现代中国葡萄酒产业发展研究 [D]. 西北农林科技大学，2013.

[11] 何喻 . 中国葡萄酒产业竞争力研究 [D]. 西北农林科技大学，2013.

[12] 朱艳 . 中国葡萄酒产业竞争力及其影响因素研究 [D]. 无锡：江南大学，2014.

[13] 李甲贵 . 我国葡萄酒消费者行为研究 [D]. 西北农林科技大学，2014.

[14] 韩淑英 . "公司 + 基地 + 农户 " 农业化生产模式分析 —— 以山西怡园酒庄为例 [J]. 河北农业科学，2013，17(5): 94-96.

[15] 李华 , 李甲贵 . 中国葡萄酒品类的构建与发展 —— 兼论酒庄葡萄酒的市场前景 [J]. 西北农林科技大学学报，2012，12(5): 146-150.